常见饲料原料营养与应用

◎ 王自谦 李斐 主编

中国农业科学技术出版社

图书在版编目（CIP）数据

常见饲料原料营养与应用 / 王自谦，李斐主编. --北京：中国农业科学技术出版社，2025.6. -- ISBN 978-7-5116-7389-3

Ⅰ. S816.11

中国国家版本馆 CIP 数据核字第 2025FD3918 号

责任编辑	白姗姗
责任校对	李向荣
责任印制	姜义伟　王思文

出 版 者	中国农业科学技术出版社
	北京市中关村南大街 12 号　邮编：100081
电　　话	（010）82106638（编辑室）
	（010）82106624（发行部）
	（010）82109709（读者服务部）
网　　址	https://www.castp.cn
经 销 者	各地新华书店
印 刷 者	北京科信印刷有限公司
开　　本	140 mm×203 mm　1/32
印　　张	8
字　　数	215 千字
版　　次	2025 年 6 月第 1 版　2025 年 6 月第 1 次印刷
定　　价	50.00 元

◆◆◆ 版权所有·侵权必究 ◆◆◆

《常见饲料原料营养与应用》编委会

主　编：王自谦　　李　斐

副主编：陈玉坤　　刘建军　　李忠杰　　张　娟

编　委：牛登林　　王　平　　高　梅　　杨旭杰
　　　　王斌荣　　王国艳　　马廷福　　康赛红
　　　　王　甜　　马汉中　　马存军　　田博文
　　　　胡学礼

PREFACE 前言

　　饲料原料作为畜牧业生产的基础，直接关系畜禽的生长性能、健康状况及畜产品的品质与安全。随着现代畜牧业的快速发展，对饲料原料的营养价值和饲用效果的研究日益深入，科学配制饲料已成为提高养殖效益、促进畜牧业可持续发展的关键所在。

　　本书旨在全面系统地介绍各类常见饲料原料的营养成分、饲用价值及其应用方法。本书共九章，分别为现代饲料概述、青饲料、能量饲料、蛋白质饲料、粗饲料、饲料营养价值评定、饲料的质量控制与加工技术、配合饲料与配方设计、饲料的安全储存。

　　本书在全面系统地介绍饲料科学知识体系的同时，展现出了几大鲜明特点：一是内容翔实且针对性强，通过前八章的精心编排，不仅涵盖了现代饲料工业的概览，还重点深入剖析了50种常见饲料原料的营养特性及饲用方法，为读者提供了详尽而实用的信息；二是图文并茂，书中配有丰富的饲料原料图片，使抽象的理论知识变得直观易懂，极大地增强了学习的趣味性和效果；三是语言通俗易懂，特别考虑到农民朋友的实际需求，本书采用平实的语言风格，确保即便是非专业背景的读者也能轻松理解并掌握饲料配制与应用。

本书既适合畜牧业从业者、农民朋友学习参考，也适合相关领域的科研人员、教学人员及政府管理人员等阅读参考。

由于时间仓促，水平有限，书中难免存在不足之处，欢迎广大读者批评指正！

编　者

2025 年 3 月

CONTENTS 目录

1 第一章　现代饲料概述 / 1

第一节　饲料的概念及分类 / 3
第二节　饲料的特点与地位 / 7
第三节　饲料产业发展现状 / 11

2 第二章　青饲料 / 13

第一节　青饲料概述 / 15
第二节　主要青绿饲料 / 20
第三节　青贮饲料的制作 / 57

3 第三章　能量饲料 / 65

第一节　能量饲料概述 / 67
第二节　谷实类饲料 / 69
第三节　糠麸类饲料 / 87
第四节　块根、块茎及瓜类饲料 / 90

4 第四章　蛋白质饲料 / 97

第一节　蛋白质饲料概述 / 99
第二节　植物性蛋白质饲料 / 101
第三节　动物性蛋白质饲料 / 112
第四节　微生物性蛋白质饲料 / 117

第五章　粗饲料 / 119

第一节　粗饲料概述 / 121
第二节　秸秆类饲料 / 124
第三节　农副产品类饲料 / 152
第四节　树叶类饲料 / 159

第六章　饲料营养价值评定 / 165

第一节　饲料营养价值的评定意义 / 167
第二节　饲料营养价值的评定体系 / 169
第三节　饲料营养价值的评定方法 / 172

第七章　饲料的质量控制与加工技术 / 177

第一节　饲料原料的质量控制 / 179
第二节　饲料的加工技术 / 198

第八章　配合饲料与配方设计 / 211

第一节　配合饲料概述 / 213
第二节　饲料配方的设计原则 / 218
第三节　饲料配合设计的步骤和方法 / 221
第四节　预混料和浓缩饲料的配方设计 / 226

第九章　饲料的安全储存 / 231

第一节　饲料安全储存要点 / 233
第二节　常见饲料的安全储存 / 234
第三节　霉变原料脱霉处理 / 239

主要参考文献 / 248

第一章
现代饲料概述

第一节　饲料的概念及分类

一、饲料的概念

饲料是指合理饲喂条件下能为动物提供营养物质、调控生理机制、改善动物产品品质且不发生有毒、有害作用的物质。饲料主要的来源如下：植物（如玉米、豆粕等）、动物（如鱼粉、肉骨粉等）、单细胞生物（如酵母、藻类等）、矿物质（如贝壳粉、食盐等）及工业合成产品（如维生素等）。

二、饲料的分类

饲料的种类很多，为了利用方便，通常将其分为不同类型。习惯上对饲料的分类方法主要有以下几种。

（一）根据饲料的来源分类

根据饲料的来源分为植物性饲料、动物性饲料、微生物饲料、矿物质饲料和人工合成饲料。

1. 植物性饲料

植物性饲料是动物饲养中最为基础且广泛应用的饲料类型。它们源自各类植物，包括谷物（如玉米、小麦等）、豆类（如大豆、豌豆等），以及牧草、青菜等。这类饲料富含碳水化合物、纤维、维生素和矿物质，是动物日常所需能量的主要来源。植物性饲料不仅易于获取，成本相对较低，而且通过适当加工处理，如粉碎、蒸煮或发酵，可以进一步提高其消化率和营养价值，满足动物生长、繁殖及维持生命活动的各项需求。

2. 动物性饲料

动物性饲料是指来源于动物体或其加工副产品的饲料，如鱼粉、肉骨粉、血粉及乳清粉等。这类饲料以其高蛋白、高能量及丰富的氨基酸和矿物质含量而著称，对于提升动物生长速度、增强免疫力及改善肉质具有重要作用。动物性饲料通常用于补充植物性饲料中蛋白质的不足，特别是在幼龄动物或高产动物的饲养中尤为重要。然而，其生产成本相对较高，且需要关注原料来源的安全性和可持续性。

3. 微生物饲料

微生物饲料是利用微生物发酵技术生产的饲料，包括发酵饲料、单细胞蛋白等。通过特定的微生物作用，可以将难以消化的植物性原料转化为易于被动物吸收利用的营养物质，如菌体蛋白、生物活性肽等。微生物饲料不仅提高了原料的利用率，还富含益生菌和酶制剂，有助于调节动物肠道微生态平衡，增强免疫力，减少疾病发生。随着生物技术的进步，微生物饲料在促进动物健康和提高生产效率方面展现出巨大潜力。

4. 矿物质饲料

矿物质饲料是专门用于补充动物体内所需无机元素的饲料，如钙、磷、钠、氯及微量元素铜、锌、铁等。这类饲料通常以添加剂的形式存在，如石粉、骨粉、食盐及各类矿物质预混料。矿物质对于维持动物骨骼健康、神经传导、酶活性及多种生理功能至关重要。合理添加矿物质饲料可以有效预防动物因缺乏特定元素而导致的疾病，提高生产性能和产品质量。

5. 人工合成饲料

人工合成饲料是指通过化学合成或工业加工方法制成的饲料，包括维生素添加剂、氨基酸添加剂、非蛋白氮源（如尿素）及某些特定的营养补充剂。这类饲料具有成分明确、纯度高、针对性强的特点，能够精确满足动物在不同生长阶段或特定条件下的特殊营养需求。虽然人工合成饲料在动物饲养中的使用量相对较小，但其在提高饲料效率、优化动物生产性能及促进动物健康方面发挥着不可替代的作用。

（二）根据饲料的经济特点分类

根据饲料的经济特点分为天然饲料和生产饲料、基础饲料与补充饲料、自给饲料与商品饲料。

1. 天然饲料和生产饲料

天然饲料是天然存在的，如野生植物、矿物、农作物副产品、废弃物等都是天然饲料，是因为有了养殖业才成为饲料资源的。因此，养殖业的一项重要作用是使这些物质变成了生产资源——饲料资源，化无用为有用。依靠天然饲料，不生产饲料也能发展养殖业，但这种养殖业形式单一，生产结构和生产水平受到限制。由于依靠天然饲料不能满足增长的畜产品需求才产生了以饲料为主产品的生产饲料。来自种植业的生产饲料的出现，使养殖业进入新的历史阶段，从此养殖业突破了天然饲料的限制。工业品饲料的出现更加丰富了生产饲料的内容。

2. 基础饲料与补充饲料

按照饲料在日粮中的地位可分为基础饲料和补充饲料。根据饲料互补性原理，为了满足畜禽营养需要，日粮应由多种饲料配合。根据饲料替代性原理，为了提高经济效益，应尽量提高有利的饲料比重，使其成为基础饲料，作为畜禽营养物质的主要来源。基础饲料可以是一种或几种饲料。选用的基础饲料应是在当地最具优势的饲料，产量高，成本低，或者是有大量供应，有稳定来源且价格低廉的商品饲料。基础饲料的任务不是全面满足畜禽营养的需要，而是满足主要营养物质，特别是能量营养的需要，为了全面满足营养需要，还需要由补充饲料进行补充。一般要求基础饲料满足大量能量营养，一定程度上满足蛋白质营养；一般补充饲料主要补充蛋白质营养，同时也能补充能量营养；添加剂补充饲料用于满足某些维生素、氨基酸、矿物质的营养需要。一般来说,饲料成本主要决定于基础饲料,饲料质量主要决定于补充饲料。

3. 自给饲料与商品饲料

生产或采集一定数量的饲料实现不同程度的饲料自给,是养殖业生产中比较普遍的情况,即使在商品经济发达的国家也是如此。这是因为他们的农场有较大面积的土地,机械化、社会化水平较高,所以有可能兼营种植业与养殖业。我国自给饲料有牧区、农区两种类型。在牧区,基本是放牧,比较单一;在农区,是在耕地很少、粮食紧缺的情况下,付出大量辛勤劳动以实现饲料高度自给,包括采集野生饲料、秋收后的农田放牧、各种农副产品的利用等。

(三) 国际上饲料的分类法

国际上饲料的分类法以各种饲料干物质的主要营养特性为基础,将饲料分为粗饲料、青绿饲料、青贮饲料、能量饲料、蛋白质饲料、矿物质饲料、维生素饲料和添加剂。

1. 粗饲料

粗饲料是指粗纤维含量在18%以上的饲料,包括青干草、秸秆、秕壳等。

2. 青绿饲料

青绿饲料是指青绿新鲜状态的饲料,其特点是幼嫩,各种营养物质尤其是维生素含量较高。

3. 青贮饲料

青贮饲料是将新鲜牧草或作物经青贮技术制成的饲料,目的在于减少营养物质的损失。

4. 能量饲料

凡是在干物质中粗蛋白质含量低于20%,粗纤维含量低于18%,每千克饲料干物质中可消化能在2 500 kcal以上的饲料均属于能量饲料。主要包括谷实类及其加工副产品、根茎瓜类饲料，其营养特点是淀粉类物质含量很高，干物质中一般含有70%~80%的淀粉。

5. 蛋白质饲料

蛋白质饲料是指干物质中粗纤维含量少于18%，粗蛋白质含量在20%以上的饲料。

6. 矿物质饲料

矿物质饲料指能为动物提供矿物质元素的饲料原料。这些矿物质元素对于动物的生长、发育、繁殖、生产性能以及维持身体健康等方面都起着至关重要的作用。

7. 维生素饲料

维生素饲料主要指工业合成的维生素。

8. 添加剂

添加剂包括营养性添加剂和非营养性添加剂，对畜禽的生长、饲料的保存具有良好作用。

第二节　饲料的特点与地位

一、饲料的经济特点

饲料作为养殖业不可或缺的基础资源，其经济特点显著，主要体现在多样性、通用性、替代性和互补性4个方面。

（一）饲料的多样性

饲料种类的丰富多样构成了其首要经济特点。在全球范围内，植物性饲料品种繁多，有主副之分，加之动物性、矿物质及特种饲料，使饲料种类更加庞杂。此外，随着科技进步和农业生产的发展，饲料种类呈现不断增多的趋势。通过培育新品种、开发新产品、利用食品加工副产品、合成新添加剂及有毒原料的去毒处理等，饲料的来源和种类得到了极大丰富。这种多样性不仅为养殖业提供了更多选择，使其可以根据畜禽的生长阶段、营养需求及成本考量，灵活选用最经济的饲料，也为解决优质饲料资源短缺问题提供了新途径。

（二）饲料的通用性

饲料的通用性体现在养殖业内部及与其他用途之间的广泛应用上。在养殖业内部，同一畜禽可食用多种饲料，而同一饲料也可适用于不同畜禽，这种通用性源于饲料作为营养物质的载体特性。不同畜禽对同一饲料的转化效率各异，所产生的畜产品也各具特色，从而形成了饲料在不同畜禽间的竞争关系。此外，许多饲料还兼具其他用途，如食品、材料、燃料和肥料等，这导致了养殖业与其他行业在饲料使用上的竞争。例如，生物柴油和燃料乙醇的发展推动了油料作物和能量作物价格的上涨，但同时也为饲料业提供了更多的蛋白质原料。因此，饲料的通用性要求我们在使用时须综合考虑多方面因素，以实现资源的优化配置。

（三）饲料的替代性

由于饲料在营养成分和理化性质上的相似性，使得在一定条件下，某种饲料可以替代另一种饲料，以达到生产相同数量和质量畜产品的目的。这种替代性为降低畜产品成本提供了可能。然而，饲料间的差异性和畜禽对营养成分的均衡需求限制了替代的无限性。当替代超过一定限度时，会导致畜禽营养失衡，进而影响生产性能。因此，在利用饲料替代性时，须找到替代的适合点，以确保经济效益的最大化。同时，随着饲料生产的发展和市场需求的变化，饲料价格、成本和产量也会相应调整。这就要求我们根据实际情况,灵活调整饲料配方和饲喂方式,以适应市场的变化。

(四)饲料的互补性

饲料的互补性源于不同饲料营养特性的差异性和畜禽需求的不一致性。由于不同饲料所含营养物质的种类、比例及物理、化学、生物学特性各不相同,而畜禽的品种、个体、年龄和生产性能的差异也使其对营养物质的需求各异。因此,单一饲料无法满足畜禽的全面营养需求。为了获得品质优良、数量充足的畜产品,必须利用饲料的互补性,通过多种饲料的合理搭配,构成营养成分全面、合理的配合饲料。这种配合饲料不仅能够满足畜禽的饲养需求,还能提高饲料的利用率,节约粮食和其他营养物质。据测算,与单一粮食饲料相比,配合饲料可减少粮食消耗25%~30%,对于缓解粮食压力、促进养殖业可持续发展具有重要意义。

二、饲料在养殖业中的地位

(一)饲料是养殖业生产的基石

在养殖业中,饲料作为养殖动物获取必需营养物质如能量、蛋白质、维生素和矿物质的主要途径,其地位无可替代。这些营养物质对养殖动物的生长、发育、繁殖及维持正常生理功能起着至关重要的作用。缺乏充足且高质量的饲料供应,养殖业的生产活动将难以持续进行。饲料的种类、质量和供应稳定性直接影响着养殖动物的生产性能、健康状况及最终产品的品质,进而对养殖业的整体发展产生深远影响。

(二)饲料是养殖业资源高效利用的关键

饲料的生产和利用不仅关乎养殖业的直接生产效益,更是实现养殖业资源高效利用和可持续发展的关键环节。通过合理规划和种植牧草、有效利用农作物秸秆和食品加工副产品等，可以显著提高农业资源的利用效率，减少资源浪费和环境污染。同时，饲料的科学配方和合理利用能够确保养殖动物获得均衡的营养，提高其生长速度和饲料转化率，从而降低养殖成本，提高养殖效益。

（三）饲料是养殖业现代化的重要推动力

饲料行业的科技进步和创新是推动养殖业现代化的重要力量。随着新型饲料添加剂、生物饲料技术的不断涌现和智能化饲养管理系统的广泛应用，饲料的营养价值和利用效率得到了显著提升，为养殖业的现代化进程提供了有力支撑。这些技术的应用不仅提高了养殖动物的生产性能和健康状况，还促进了养殖业的产业升级和转型，推动了养殖业向更高效、更环保、更可持续的方向发展。

（四）饲料是养殖业经济效益提升的关键因素

在养殖业中，饲料成本在生产成本中通常占比较大。因此，合理控制饲料成本对于提高养殖业的经济效益至关重要。通过精心选用饲料原料、优化饲料配方、加强饲养管理及采用先进的饲养技术等方式，可以有效降低饲料成本，提高养殖动物的生产效率和产品质量。同时，优质饲料还能够显著提升养殖产品的品质和安全性，满足消费者对高品质、健康养殖产品的需求，从而增强市场竞争力，为养殖业带来更大的市场空间和经济效益。

（五）饲料是养殖业与相关产业协同发展的桥梁

饲料行业作为养殖业与种植业、食品加工业、环保产业等多个产业之间的桥梁和纽带，对于促进产业链整合和协同发展具有重要意义。通过加强产业链上下游之间的合作与联动，可以实现资源共享、优势互补和互利共赢，推动养殖业的健康可持续发展。同时，随着全球化进程的加速推进和国际贸易的不断发展，饲料行业在国际市场上的竞争力和影响力也日益增强，为养殖业的国际化发展提供了广阔的空间和机遇。

第三节 饲料产业发展现状

饲料产业作为养殖业的重要组成部分，其发展现状呈现出多元化、复杂化的特点。下面是对饲料产业发展现状的详细分析，包括总体规模与产量、市场需求与产品结构、市场竞争与技术创新及政策环境与可持续发展 4 个方面。

一、总体规模与产量

中国是全球最大的工业饲料生产国和消费国，饲料产业在国民经济中占有重要地位。近年来，随着养殖业的快速发展和农业现代化的推进，饲料行业保持了稳定的增长态势。根据最新数据，2024 年前三季度全国工业饲料总产量达到 22 787 万 t，尽管同比下降 4.3%，但整体规模依然庞大。其中，配合饲料、浓缩饲料、添加剂预混合饲料产量分别为 21 237 万 t、928 万 t、513 万 t，同比分别下降 4.1%、11.6%、1.1%。这表明，尽管面临挑战，饲料产业仍然保持了一定的生产能力和市场供给。

二、市场需求与产品结构

饲料市场的需求受到多种因素的影响，包括养殖业的发展状况、消费者需求的变化、政策法规的调整等。随着对食品安全和健康的关注度提高，消费者对高品质、高营养价值的饲料产品需求不断增加。同时，随着养殖业的规模化、集约化发展，消费者对饲料产品的质量和稳定性要求也越来越高。在产品结构方面，配合饲料、浓缩饲料和添加剂预混合饲料是主要的饲料产品类型。随着科技的进步和养殖技术的提高，新型饲料产品如生物发酵饲料、有机饲料等也逐渐受到市场的青睐。

三、市场竞争与技术创新

饲料行业竞争激烈，市场集中度不断提高。大型企业通过并购、重组等方式扩大规模，提高市场竞争力。同时，中小企业也通过技术创新、产品差异化等方式寻求生存和发展空间。技术创新是饲料行业持续发展的重要驱动力。随着生物技术的不断发展，饲料行业正在向高科技、高附加值方向转型。通过引入先进的生物技术、生产工艺和设备，企业可以开发出更加高效、环保、安全的饲料产品，提高市场竞争力。此外，智能化、信息化技术的应用也为饲料行业的发展带来了新的机遇。

四、政策环境与可持续发展

政策环境对饲料产业的发展具有重要影响。政府通过制定相关政策法规，规范饲料行业的市场秩序，促进饲料产业的健康发展。例如，加强对饲料添加剂的监管，确保饲料产品的安全性和有效性；推动饲料行业的绿色发展，鼓励使用环保型饲料和养殖方式等。同时，可持续发展也成为饲料行业的重要议题。随着资源的日益紧张和环境问题的日益突出，饲料行业需要更加注重资源的节约和环境的保护。通过提高饲料利用率、减少废弃物排放、开发可再生资源等方式，推动饲料产业的可持续发展。

第二章

青饲料

第一节　青饲料概述

青饲料包括青绿饲料和青贮饲料两类。

一、青绿饲料

青绿饲料是一类各种营养物质相对平衡的饲料，尤其是维生素和蛋白质含量高，幼嫩多汁，易于消化，适口性好，各种畜禽都喜欢采食。青绿饲料种类繁多，主要包括天然牧草、人工栽培牧草、青饲作物、叶菜类、水生植物等。青绿饲料适用于多种畜禽，在养殖业生产中具有重要作用。

（一）青绿饲料的营养特点

1. 含水量高，能值较低

鲜嫩的青绿饲料水分含量一般较高，陆生植物的水分含量为60%～90%，而水生植物可高达90%～95%。因此，新鲜的干青绿饲料干物质含量少，能量价值较低。

2. 蛋白质含量较低，但质量较优

青绿饲料中的蛋白质含量一般都较低，禾本科牧草和叶菜类饲料的粗蛋白质含量为1.5%～3.0%，豆科牧草为3.2%～4.4%。但蛋白质的质量较优，原因是青绿饲料是植物体的营养器官，含有各种必需氨基酸，尤其以赖氨酸、色氨酸含量较高，故蛋白质生物学价值较高，一般可达70%以上。

3. 粗纤维含量较低

开花或抽穗之前的青绿饲料，粗纤维含量较低，无氮浸出物较高；粗纤维的含量随着植物生长期的延长而增加，木质素的含量也显著增加。因此，掌握好适时的收获期十分重要。

4. 矿物质含量丰富，钙磷比例适宜

青绿饲料中含有动物所需要的各种矿物质元素，含量因植物种类、土壤与施肥情况而异。一般来说，青绿饲料中钙和磷的比例较适宜（钙为 0.25%～0.5%，磷为 0.20%～0.35%），特别是豆科牧草中钙的含量较高，因此以青绿饲料为主要日粮的动物不易缺钙。但牧草中钠和氯的含量不足，所以放牧家畜需要补给食盐。

5. 维生素含量丰富

青绿饲料是家畜维生素营养的主要来源。1 kg 青绿饲料中胡萝卜素的含量可高达 50～800 mg，家畜在正常采食青绿饲料的情况下，所能获得的胡萝卜素的量超过其需要量的 100 倍。另外，青绿饲料也是维生素 E、B 族维生素、维生素 C 的主要来源，但青绿饲料中不含维生素 D。

6. 适口性好，易于消化

青绿饲料幼嫩、柔软、多汁，适口性好，易于消化。青绿饲料中有机物质的消化率各不相同，反刍动物为 75%～85%，马为 50%～60%，猪为 40%～50%。

青绿饲料是一种营养平衡的饲料。放牧反刍动物以青绿饲料为唯一食物来源时，可以良好的生长；单胃动物（如猪和鸡）对青绿饲料的利用率较差一些。另外，由于青绿饲料体积较大，而猪、鸡的胃肠容积有限，使其采食量受到限制。因此，在猪禽饲养中可以与精饲料适量搭配使用。

（二）青绿饲料营养价值的影响因素

青绿饲料的营养价值受多种因素的影响。植物的种类和生长阶段、种植所需的土壤和肥料、气候条件及草场的管理等因素都可能影响青绿饲料的营养价值。

1. 青绿饲料的种类

不同的饲料种类，其营养价值有很大的差异。一般豆科牧草的钙、氮含量高于禾本科牧草,即其营养价值高于禾本科牧草,水生饲料营养价值最低。同一种类但品种不同的牧草,其营养价值也有差异。

2. 植物生长阶段和部位

植物在各生长阶段其化学成分变化很大。植物在幼嫩时期含较多的水分,干物质中蛋白质含量较多而粗纤维较少,有机物的消化率较高。随着植物的生长,水分和粗蛋白质含量减少,而禾本科抽穗期、豆科孕蕾期到开花盛期,粗纤维含量逐渐增加,有机物质的消化率降低。

植物体不同部位的营养成分差别也很大。通常,叶与茎秆相比,粗纤维含量较低而蛋白质含量较高。因此,叶片占全株的比例越大,营养价值就越高。

3. 土壤与肥料

植物的生长主要依赖于土壤、水和空气。植物体内所含各种物质的多少,与土壤的特性有很大的关系。肥沃和结构良好的土壤,青绿饲料的营养价值较高;土壤中微量矿物质元素含量不足或过多,直接影响植物中微量元素的含量。而动物采食这些植物后,会形成流行的家畜地方性营养缺乏病或过多病。

施肥可以显著影响植物中各种营养物质的含量。适量施加氮肥,可以增加青绿饲料中粗蛋白质的含量,使植物旺盛生长,茎叶颜色变绿,胡萝卜素含量也有所增加。在土壤缺乏某些元素的地区施以相应的肥料,则可防止这一地区的家畜营养性疾病。

4. 气候条件

气温、光照长短、降水量等也会影响青绿饲料的营养成分。在寒冷地区生长的植物比温热地区粗纤维含量高,粗蛋白质和粗脂肪的含量较少。在充足阳光下生长的植物跟缺少阳光的植物相比,其粗蛋白质和糖的含量显著提高。在多雨地区生长的植物跟干旱地区生长的植物相比,体内钙质积累少。这是由于多雨使土壤经常被冲刷，土壤中的钙质容易流失所致。

5. 草场管理

过度放牧会使许多优良牧草被频繁采食，以致不能恢复生长，造成草地总营养价值利用率降低。但放牧不足，也会影响植物的营养价值，植物变得粗老，营养价值降低。

（三）青绿饲料的利用特点

青绿饲料的利用特点和营养价值的高低，主要取决于青绿饲料的种类及生长时期。一般是随着植物的逐渐成熟，茎叶迅速变粗变硬，利用价值也随之下降。为了保证青绿饲料有良好的品质，必须适时收割，饲喂猪、鸡的豆科青绿饲料以在孕蕾前收割为宜。猪、鸡因消化道容积有限，食量不多，故宜与精饲料配合饲喂，以满足营养需要。饲喂牛、羊、马的豆科青绿饲料在盛花期收割，并可大量利用。

二、青贮饲料

（一）青贮饲料的概念

青贮饲料是将青贮原料放入密封容器内，经过微生物厌氧发酵作用，制成一种多汁、耐储、可供全年饲用饲料的方法。用这种方法制成的饲料被称为青贮饲料。

理想的青贮原料应富含可供乳酸菌发酵的碳水化合物，含有适当的水分，易于压实等。如全株玉米、多花黑麦草、鸭茅、羊草、燕麦、紫花苜蓿、白三叶、白花草木樨、苏丹草、柱花草等均是较好的青贮原料。

（二）青贮饲料的优越性

1. 能保存青饲料的绝大部分养分

据试验，干草在调制过程中，养分损失达20%~40%。而调制青贮饲料，干物质仅损失 0%～15%，可消化蛋白质仅损失 5%～12%。特别是胡萝卜素保存率，青贮方法高于其他任何方法。

2. 延长青饲季节

我国西北、东北、华北各地区，青饲季节不足半年，冬、春季缺乏青饲料。而采用青贮的方法可以做到青饲料四季均衡供应，保证了草食家畜养殖业的优质高产和稳定发展。

3. 适口性好，易消化

青贮饲料不仅营养丰富，而且气味芳香，柔软多汁，适口性好，且有刺激家畜消化腺分泌和提高饲料消化率的作用。因此，可视为家畜的保健性饲料。

4. 调制方便，耐久藏

青贮饲料调制简便，不太受气候条件限制。取用方便，随用随取，饲料制成后，若当年用不完，只要不漏气，可保存数年不变质。

5. 扩大饲料资源

有些植物，如菊科类植物及马铃薯茎叶等在青饲时有异味，且适口性差，利用率低。但青贮后，气味改善，柔软多汁，提高了适口性及利用率。

有些农副产品，收集期集中而量大，一时用不完或不宜大量饲喂，又不易直接存放，或因天气条件限制，不能晒干，而又无其他方法保存，往往不能充分利用而废弃。若及时调制青贮饲料，则可解决这一矛盾，如甘薯叶、萝卜叶、甜菜叶等。

6. 利于消灭作物害虫及田间杂草

青贮过程的压力、温度和酸度可杀死作物害虫及其卵，并使杂草种子失去发芽力。

（三）青贮饲料的利用特点

青贮饲料的利用特点主要体现在以下几个方面：青贮饲料能

够最大限度地保持青绿饲料的营养物质，在密封厌氧条件下保藏，氧化分解作用微弱，养分损失较少。青贮饲料气味酸香、柔软多汁、适口性好，易于家畜消化吸收，且能长期保存，管理得当的情况下可以贮存多年。此外，青贮饲料原料来源丰富，包括玉米、牧草、蔬菜、树叶及一些农副产品等，可以充分利用当地丰富的饲草资源，降低饲料成本。同时，青贮饲料还能杀死青饲料中的病菌、虫卵，破坏杂草种子的再生能力，有利于环境保护。

第二节　主要青绿饲料

一、长芒草

长芒草（图2-1）是禾本科针茅属多年生密丛草本植物。秆丛生，基部膝曲，高可达60 cm，叶鞘光滑无毛或边缘具纤毛，基生叶舌钝圆形，叶片纵卷似针状，圆锥花序为顶生叶鞘所包，成熟后渐抽出，两颖近等长，有膜质边缘，外稃有脉，基盘尖

图2-1　长芒草

锐，密生柔毛，第二芒芒针稍弯曲；内稃与外稃等长，颖果长圆柱形；花果期6—8月。

长芒草主要分布于中国西部，从东北、华北、西北、西南，向东南延伸到江苏、安徽等地。长芒草返青早，是草原或森林草原地区夏季草场主要牧草。长芒草为下繁禾草，耐践踏，是温带、暖温带山地家畜重要的放牧型野生牧草。为山羊、绵羊喜食、牛次之，春季萌发甚早，是山地早期放牧的一种重要牧草，这在其他草尚未大量生长而家畜多在春乏情况下，有其重要的生产价值。春季的适口性较好，夏季抽穗后适口性和饲用价值均降低，夏末雨季来临后进入营养阶段，大量新的分蘖枝形成，适口性回升。在天然草场中，常与质量和适口性均优的糙隐子草、冰草、兴安胡枝子、黄芪等草类组成群落，因此，长芒草本身含水量低、失水较快，除容易调制干草外，家畜食后比较耐饥饿、容易上膘。群众称为"硬草"，比水分含量高的"水草""软草"为好。一般长芒草草地的产草量，据测定每亩（1亩≈667m^2）干草产量为40~800 kg。叶量较少，低于茎的重量。从化学成分看长芒草含有较多无氮浸出物，粗纤维中等，而粗蛋白质较低。

长芒草的养分含量及氨基酸含量如表2-1、表2-2所示。

表2-1 长芒草的养分含量

养分	含量
木质素 /%	7.22
酸性洗涤纤维 /%	28.10
中性洗涤纤维 /%	66.70
粗灰分 /%	3.64
粗纤维 /%	32.90
磷 /%	0.12
钙 /%	0.26
水分 /%	43.78

(续)

养分	含量
粗蛋白质 /%	12.81
粗脂肪 /%	3.11
总能 /（kJ/kg）	19 813.00

表 2-2　长芒草的氨基酸含量

氨基酸	含量 /%
天冬氨酸	0.90
苏氨酸	0.46
丝氨酸	0.40
谷氨酸	1.12
甘氨酸	0.55
丙氨酸	0.71
胱氨酸	0.00
缬氨酸	0.60
蛋氨酸	0.11
异亮氨酸	0.47
亮氨酸	0.88
酪氨酸	0.39
苯丙氨酸	0.54
赖氨酸	0.58
组氨酸	0.23
精氨酸	0.51
脯氨酸	0.57

二、无芒雀麦

无芒雀麦（图 2-2）是禾本科雀麦属多年生植物。无芒雀麦株高 0.5～1.2 m，无毛或节下具倒毛；具横走根茎；叶鞘闭合，无毛或有短毛；圆锥花序长 10~20 cm，较密集，花后开展；颖果长圆形，褐色，长 7~9 mm；花果期 7—9 月。无芒雀麦主要分布于我国黑龙江、吉林、辽宁等地。

图 2-2　无芒雀麦

无芒雀麦喜肥性强，最适宜在黑钙土上生长，在经过改良的黄土、褐色土、棕壤、黄壤、红壤等地上也可获得较高的产量。无芒雀麦耐酸抗碱，对土壤的适应能力强，能顺利在 pH 值为 8.5、土壤含盐量为 0.3%、钠离子含量超过 0.02% 的盐碱地上生长。无芒雀麦耐寒性相当强，能忍受 -45℃ 的低温而安全越冬。无芒雀麦为喜光植物，通常在长日照条件下开花结实。年降水量 450~600 mm 的地方，均能满足水分要求。

无芒雀麦是优良牧草，营养价值高，产量大，利用季节长，耐寒旱，耐放牧，适应性强，为建立人工草场和环保固沙的主要草种，是新疆和北方各地重要的草种。

无芒雀麦的养分含量及氨基酸含量如表 2-3、表 2-4 所示。

表 2 3　无芒雀麦的养分含量

养分	含量
木质素 /%	5.98
酸性洗涤纤维 /%	35.90

（续）

养分	含量
中性洗涤纤维 /%	62.10
粗灰分 /%	6.73
粗纤维 /%	36.30
磷 /%	0.14
钙 /%	0.46
水分 /%	59.69
粗蛋白质 /%	10.14
粗脂肪 /%	1.48
总能 /（kJ/kg）	17 772.00

表 2-4　无芒雀麦的氨基酸含量

氨基酸	含量 /%
天冬氨酸	0.80
苏氨酸	0.41
丝氨酸	0.39
谷氨酸	1.02
甘氨酸	0.48
丙氨酸	0.56
胱氨酸	0.00
缬氨酸	0.53
蛋氨酸	0.19
异亮氨酸	0.50
亮氨酸	0.84
酪氨酸	0.38
苯丙氨酸	0.47
赖氨酸	0.45
组氨酸	0.18

（续）

氨基酸	含量/%
精氨酸	0.47
脯氨酸	0.38

三、老芒麦

老芒麦（图2-3）是禾本科披碱草属植物。被世界自然保护联盟列为无危物种。老芒麦秆单生或疏丛生；株高60～90 cm；叶鞘光滑，叶平展；穗状花序较疏散下垂，小穗排列不偏向穗轴一侧，灰绿或稍紫色；花果期6—9月。多生于路旁和山坡上。富含蛋白质，为优良饲用植物。产自我国东北、内蒙古、河北等省区。

图2-3　老芒麦

老芒麦富含蛋白质，为优良饲用植物。老芒麦适口性好。马、牛、羊均喜食，牦牛尤喜食。老芒麦是披碱草属中饲用价值较高的一种。植株无毛、无味、开化前期各个部位质地柔软，花期后仅下部20 cm处茎秆稍硬。叶量丰富，特别是多叶老芒麦的叶片多而宽大。一般播种当年叶量占总量的50%左右，翌年抽穗期叶量一般占40%～50%，茎占35%～47%，花序占 6%～15%，再生草叶量占 60%～70%。一般亩产干草 200～400 kg，高产可达 500 kg 以上。营养成分含量丰富，消化率较高，对幼畜发育、母畜产仔和牲畜的增膘都有良好的效果。叶片分布均匀，调制的干草各类牲畜都喜食。特别在冬春季节，幼畜、母畜最喜食。牧草返青期早、枯黄期迟，绿草期较一般牧草长 30 d 左右，从而对各类牲畜的饲养产生一定的经济效益。我国 20 世纪 60 年代开始在西北、华北、东北等地推广种植，由于对土壤要求不严，根系入土深，抗寒性很强，故在三北地区越冬性良好，是很有经济价值的栽培牧草。

老芒麦的养分含量及氨基酸含量如表 2-5、表 2-6 所示。

表 2-5　老芒麦的养分含量

养分	含量
木质素 /%	6.00
酸性洗涤纤维 /%	36.80
中性洗涤纤维 /%	65.90
粗灰分 /%	4.76
粗纤维 /%	36.30
磷 /%	0.17
钙 /%	0.34
水分 /%	60.13
粗蛋白质 /%	10.82
粗脂肪 /%	2.00
总能 /（kJ/kg）	19 363.00

表 2-6　老芒麦的氨基酸含量

氨基酸	含量 /%
天冬氨酸	0.92
苏氨酸	0.49

（续）

氨基酸	含量/%
丝氨酸	0.44
谷氨酸	1.26
甘氨酸	0.56
丙氨酸	0.72
胱氨酸	0.00
缬氨酸	0.64
蛋氨酸	0.17
异亮氨酸	0.54
亮氨酸	0.95
酪氨酸	0.42
苯丙氨酸	0.54
赖氨酸	0.63
组氨酸	0.28
精氨酸	0.62
脯氨酸	0.57

四、披碱草

披碱草（图2-4），俗名滨草、高大披碱草、黑麦子等。禾本科披碱草属多年生草本，疏丛型，须根状，根深可达100 cm。秆直立，高70～160 cm。叶片长8～32 cm，宽0.5～1.4 cm，叶缘被疏纤毛。穗状花序直立，一般具有23～28个穗节，穗轴中部各节具2枚小穗，而接近顶端及基部的仅具1枚，小穗含3～6个小花，二颖几等长，披针形；外稃背部被密短毛，芒长1.2～2.8 cm；内稃脊被纤毛。基盘较大，马蹄形，斜截；凹陷，具长柔毛。小穗轴宿存，棒状，显著上粗下细，被细小纤毛，顶端膨大，凹陷。颖果长椭圆形，长约6 mm，顶端钝圆，具淡黄色茸毛，腹面具宽而深的腹沟，沿沟底有一隆起的深褐色线。胚椭圆形，长约占颖果长的1/5，突起，尖端伸出。披碱草广泛分布于我国东北三省、内蒙古、河北等地。披碱草性耐旱、耐寒、耐碱、耐风沙，花果期为7—9月，主要用于饲草。

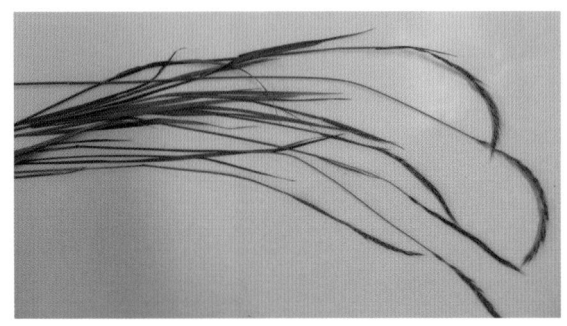

图2-4 披碱草

披碱草具有较高的产草量，在内蒙古引种，在灌溉条件下，亩产干草可达375~650 kg，旱地栽培，亩产可达175~200 kg。产草量以利用的当年、翌年为最高，以后逐渐下降。披碱草为中等饲料品质。在披碱草草丛中，叶占的比例较少，茎秆所占比例大，因而质地粗硬，是影响饲料品质的主要原因。披碱草分蘖期各种家畜均喜采食。抽穗期至始花期刈割所调制的青干草，家畜亦喜食。迟于盛花期刈割调制的干草，茎秆粗硬而叶量少，可食性下降，利用率下降。

披碱草的养分含量及氨基酸含量如表2-7、表2-8所示。

表2-7 披碱草的养分含量

养分	含量
木质素/%	8.23
酸性洗涤纤维/%	40.50
中性洗涤纤维/%	73.40
粗灰分/%	5.91

（续）

养分	含量
粗纤维 /%	38.40
磷 /%	0.19
钙 /%	0.38
水分 /%	67.20
粗蛋白质 /%	11.52
粗脂肪 /%	1.84
总能 /（kJ/kg）	18 331.00

表 2-8　披碱草的氨基酸含量

氨基酸	含量 /%
天冬氨酸	0.77
苏氨酸	0.42
丝氨酸	0.40
谷氨酸	1.12
甘氨酸	0.48
丙氨酸	0.57
胱氨酸	0.00
缬氨酸	0.55
蛋氨酸	0.19
异亮氨酸	0.40
亮氨酸	0.75
酪氨酸	0.35
苯丙氨酸	0.44
赖氨酸	0.52
组氨酸	0.18
精氨酸	0.44
脯氨酸	0.56

五、芦苇

芦苇（图2-5）是禾本科芦苇属植物。芦苇生长在灌溉沟渠旁、河堤沼泽地等，世界各地均有生长。其茎秆直立，植株高大，叶鞘下部者短于上部者，长于其节间，两侧缘毛长3～5 mm，易脱落，叶片披针状线形，长30 cm，宽2 cm，无毛，顶端长渐尖成丝形。有10余种，分布于全球热带地区，如大洋洲、非洲、亚洲。

（A）芦苇叶片　　　　　　　（B）芦苇植株

图2-5　芦苇

芦苇是一种适应性广、抗逆性强、生物量高的作物。芦叶、芦花、芦茎、芦根、芦笋均可入药，饲用价值高。嫩茎、叶为各种家畜所喜食。大多数芦苇草地都作为放牧地利用，也有用作割草或放牧与割草兼用。芦苇草地有季节性积水或过湿，加之是高草地，适宜马、牛大牲畜放牧。

芦苇地上部分植株高大，又有较强的再生力，以芦苇为主的草地，生物量也较高，在自然条件下，产鲜草3.9～13.9 t/hm^2。每年可刈割2～3次。除放牧利用外，可晒制干草和青贮。青贮后，草青色绿，香味浓，羊喜食、牛马亦喜食。

芦苇的养分含量及氨基酸含量如表2-9、表2-10所示。

表 2-9　芦苇的养分含量

养分	含量
木质素 /%	8.36
酸性洗涤纤维 /%	42.60
中性洗涤纤维 /%	67.80
粗灰分 /%	8.70
粗纤维 /%	40.10
磷 /%	0.17
钙 /%	0.31
水分 /%	65.60
粗蛋白质 /%	13.59
粗脂肪 /%	1.05
总能 /（kJ/kg）	18 484.00

表 2-10　芦苇的氨基酸含量

氨基酸	含量 /%
天冬氨酸	1.16
苏氨酸	0.53
丝氨酸	0.52
谷氨酸	1.26
甘氨酸	0.56
丙氨酸	0.79
胱氨酸	0.00
缬氨酸	0.63
蛋氨酸	0.14
异亮氨酸	0.60
亮氨酸	1.07
酪氨酸	0.54

（续）

氨基酸	含量 /%
苯丙氨酸	0.68
赖氨酸	0.72
组氨酸	0.25
精氨酸	0.61
脯氨酸	0.68

六、鹅观草

鹅观草（图2-6），俗名弯穗鹅观草、柯孟披碱草，是禾本科鹅观草属多年生草本植物。鹅观草秆直立或基部倾斜，株高30～100 cm。叶鞘外侧边缘常具纤毛；叶片扁平，长5～40 cm，宽3～13 cm。穗状花序长7～20 cm，弯曲或下垂；小穗绿色或带紫色，长13～25 mm（芒除外），含3～10 小花；颖卵状披针形至长圆状披针形，先端锐尖至具短芒（芒长2～7 mm），边缘为宽膜质，第一颖长4～6 mm，第二颖长5～9 mm；外稃披针形，具有较宽的膜质边缘，背部以及基盘近于无毛或仅基盘两侧具有极微小的短毛，上部具明显的5脉，脉上稍粗糙，第一外稃长8～11 mm，先端延伸成芒，芒粗糙，劲直或上部稍有曲折，

图2-6 鹅观草

长 20~40 mm；内稃约与外稃等长，先端钝头，脊显著具翼，翼缘具有细小纤毛。鹅观草多生长在海拔 100~2 300 m 的山坡和湿润草地。除青海、西藏等地外，分布几乎遍及中国。

鹅观草可作牲畜的饲料，叶质柔软而繁盛，产草量大，可食性高。孕穗前，茎叶柔嫩，马、牛、羊、兔、鹅均喜食。抽穗后适口性下降。以利用青草期为宜，也可调制成干草。

鹅观草的养分含量及氨基酸含量如表 2-11、表 2-12 所示。

表 2-11 鹅观草的养分含量

养分	含量
木质素 /%	6.49
酸性洗涤纤维 /%	39.00
中性洗涤纤维 /%	70.10
粗灰分 /%	5.97
粗纤维 /%	36.70
磷 /%	0.22
钙 /%	0.22
水分 /%	51.11
粗蛋白质 /%	6.94
粗脂肪 /%	2.33
总能 /（kJ/kg）	17 412.00

表 2-12 鹅观草的氨基酸含量

氨基酸	含量 /%
天冬氨酸	0.40
苏氨酸	0.20
丝氨酸	0.20
谷氨酸	0.65
甘氨酸	0.28

(续)

氨基酸	含量/%
丙氨酸	0.38
胱氨酸	0.00
缬氨酸	0.30
蛋氨酸	0.00
异亮氨酸	0.20
亮氨酸	0.41
酪氨酸	0.17
苯丙氨酸	0.21
赖氨酸	0.27
组氨酸	0.09
精氨酸	0.47
脯氨酸	0.53

七、广布野豌豆

广布野豌豆（图2-7），俗名鬼豆角、落豆秧、草藤、灰野豌豆，是豆科野豌豆属多年生草本植物。一年生或多年生蔓性草本，有微毛。羽状复叶有卷须；小叶4～12对，狭椭圆形或

图2-7 广布野豌豆

狭披针形，长 1.5~2.7 cm，宽 0.5~0.7 cm，顶端突尖，基部圆形，表面无毛，背面有短柔毛；托叶被针形。总状花序腋生，有花 7~15 朵；花萼斜钟形，有 5 裂齿，上面 2 齿较长；花冠紫色或蓝色；子房无毛，有长柄，花柱顶端周围有黄色腺毛。荚果长圆形，褐色，长 1.5~2.5 cm，肿胀，两端急尖，有柄；种子 3~5 颗，黑色。花果期 5—9 月。分布于我国东北、陕西，多生长于林间草地、草甸、灌丛。

广布野豌豆为水土保持绿肥作物。嫩时为牛羊等牲畜喜食饲料，花期早春为蜜源植物之一。

广布野豌豆的养分含量及氨基酸含量如表 2-13、表 2-14 所示。

表 2-13 广布野豌豆的养分含量

养分	含量
木质素 /%	17.64
酸性洗涤纤维 /%	42.60
中性洗涤纤维 /%	43.40
粗灰分 /%	6.60
粗纤维 /%	30.90
磷 /%	0.20
钙 /%	1.17
水分 /%	69.34
粗蛋白质 /%	17.66
粗脂肪 /%	1.28
总能 /（kJ/kg）	18 046.00

表 2-14 广布野豌豆的氨基酸含量

氨基酸	含量 /%
天冬氨酸	1.39
苏氨酸	0.67

（续）

氨基酸	含量/%
丝氨酸	0.63
谷氨酸	1.60
甘氨酸	0.77
丙氨酸	0.77
胱氨酸	0.00
缬氨酸	0.88
蛋氨酸	0.13
异亮氨酸	0.61
亮氨酸	1.26
酪氨酸	0.66
苯丙氨酸	0.67
赖氨酸	0.90
组氨酸	0.40
精氨酸	0.90
脯氨酸	0.85

八、花苜蓿

花苜蓿（图2-8），俗名扁蓿豆，豆科苜蓿属多年生草本植物。花苜蓿株高0.2~1 m；茎直立或上升，四棱形；羽状三出复叶，托叶披针形；花序伞形，腋生，具6~9朵密生的花；荚果长圆形或卵状长圆形，扁平；种子椭圆状卵圆形，平滑；花期6—9月，果期8—10月。产于东北、华北各地及甘肃、山东等地，生于草原、沙地、河岸及沙砾质土壤的山坡旷野。

花苜蓿种子在5~6℃即发芽，生长最适温度是日平均气温15~21℃，耐寒能力较强，停止生长的温度为3℃左右。花苜蓿一般喜中性或微碱性土壤，不喜酸性土壤，pH值在6以下时，影响根瘤的形成及苜蓿的生长。

（A）花苜蓿茎秆　　　　　　（B）花苜蓿植株

图 2-8　花苜蓿

花苜蓿是世界上最著名的优良牧草之一，它不仅产草量高、草质优良，而且富含粗蛋白质、维生素和无机盐，为畜禽及草食性鱼类所喜食，饲用价值很高。苜蓿有许多有益的营养成分，是其他牧草所不能代替的。1 亩苜蓿干草所含粗蛋白质是小麦的 5～6 倍，而且质量优良。

九、赖草

赖草（图 2-9）是禾本科赖草属多年生草本植物，秆单生或丛生，直立，高可达 100 cm，叶鞘光滑无毛，叶舌膜质，截平，叶片扁平或内卷，上面及边缘粗糙或具短柔毛，穗状花序直立，

（A）赖草叶片　　　　　　（B）赖草植株

图 2-9　赖草

灰绿色；穗轴被短柔毛，小穗含小花；小穗轴节间贴生短毛；颖短于小穗，线状披针形，第一颖短于第二颖，外稃披针形，边缘膜质，内稃与外稃等长，花果期6—10月。

赖草主要分布于我国新疆、甘肃、青海、陕西、四川、内蒙古、河北、山西、东北等地。生长范围较广，可见于沙地、平原绿洲及山地草原带。

赖草根茎发达，可用于固沙或保持水土等；幼嫩时叶量丰富，适口性良好，各种家畜喜食，抽穗开花后，适口性下降，属良等饲用植物。

赖草的养分含量及氨基酸含量如表2-15、表2-16所示。

表2-15 赖草的养分含量

养分	含量
木质素 /%	6.58
酸性洗涤纤维 /%	38.10
中性洗涤纤维 /%	68.20
粗灰分 /%	5.74
粗纤维 /%	35.40
磷 /%	0.15
钙 /%	0.38
水分 /%	61.14
粗蛋白质 /%	13.72
粗脂肪 /%	1.45
总能 /（kJ/kg）	18 516.00

表2-16 赖草的氨基酸含量

氨基酸	含量 /%
天冬氨酸	1.01
苏氨酸	0.56

（续）

氨基酸	含量 /%
丝氨酸	0.50
谷氨酸	1.44
甘氨酸	0.62
丙氨酸	0.74
胱氨酸	0.00
缬氨酸	0.64
蛋氨酸	0.17
异亮氨酸	0.60
亮氨酸	1.01
酪氨酸	0.52
苯丙氨酸	0.60
赖氨酸	0.69
组氨酸	0.29
精氨酸	0.81
脯氨酸	0.86

十、反枝苋

反枝苋（图 2-10），俗名野苋菜、苋菜、西风谷，是苋科苋属一年生草本植物。分布在黑龙江、吉林、辽宁、内蒙古、河北等地。子叶 1 对，梭形，淡绿色，下胚轴发达，紫红色，初生叶 1 片，卵形，全缘，叶顶微凹，羽状脉明显，后生叶形状同初生叶，但叶片有毛，成株直根发达，略肥大，茎直立，略有肉质，株高达 25～100 cm，叶互生，长卵形，穗状花序，腋生或顶生，化小，绿色，花被 3 片，苞片细小。

反枝苋因其生长发育快，质地柔软，也是重要的野生猪饲料。可青饲，也可晒干后冬季饲用。

反枝苋的养分含量及氨基酸含量如表 2-17、表 2-18 所示。

图 2-10　反枝苋

表 2-17　反枝苋的养分含量

养分	含量
木质素 /%	7.00
酸性洗涤纤维 /%	28.30
中性洗涤纤维 /%	34.60
粗灰分 /%	22.45
粗纤维 /%	24.00
磷 /%	0.40
钙 /%	2.73
水分 /%	84.96
粗蛋白质 /%	18.74
粗脂肪 /%	1.20
总能 /（kJ/kg）	13 889.00

表 2-18　反枝苋的氨基酸含量

氨基酸	含量 /%
天冬氨酸	1.09
苏氨酸	0.53

（续）

氨基酸	含量 /%
丝氨酸	0.61
谷氨酸	1.94
甘氨酸	0.81
丙氨酸	0.70
胱氨酸	0.00
缬氨酸	0.66
蛋氨酸	0.09
异亮氨酸	0.59
亮氨酸	0.98
酪氨酸	0.60
苯丙氨酸	0.63
赖氨酸	0.76
组氨酸	0.28
精氨酸	0.68
脯氨酸	0.69

十一、拂子茅

拂子茅（图 2-11）是禾本科拂子茅属多年生草本植物，具根状茎。秆直立，平滑无毛或花序下稍粗糙，高可达 100 cm，叶鞘平滑或稍粗糙，叶舌膜质，长圆形，先端易破裂；叶片扁平或边缘内卷，上面及边缘粗糙。圆锥花序紧密，圆筒形，分枝粗糙，直立或斜向上升；两颖近等长或第一颖微短，第二颖主脉粗糙；外稃透明膜质，雄蕊花药黄色，花果期 5—9 月。

欧亚大陆温带地区皆有分布。我国分布遍及全国。生于海拔 160～3 900 m 的潮湿地及河岸沟渠旁。

图 2-11 拂子茅

拂子茅为牲畜喜食的牧草；其根茎顽强，抗盐碱土壤，又耐强湿，是固定泥沙、保护河岸的良好材料。

拂子茅的养分含量及氨基酸含量如表 2-19、表 2-20 所示。

表 2-19 拂子茅的养分含量

养分	含量
木质素 /%	7.68
酸性洗涤纤维 /%	40.70
中性洗涤纤维 /%	64.80
粗灰分 /%	6.33
粗纤维 /%	37.80
磷 /%	0.05
钙 /%	0.16
水分 /%	58.11
粗蛋白质 /%	3.65
粗脂肪 /%	2.07
总能 /（kJ/kg）	17 368.00

表 2-20　拂子茅的氨基酸含量

氨基酸	含量 /%
天冬氨酸	0.22
苏氨酸	0.14
丝氨酸	0.15
谷氨酸	0.36
甘氨酸	0.16
丙氨酸	0.19
胱氨酸	0.00
缬氨酸	0.16
蛋氨酸	0.04
异亮氨酸	0.19
亮氨酸	0.28
酪氨酸	0.15
苯丙氨酸	0.15
赖氨酸	0.20
组氨酸	0.05
精氨酸	0.17
脯氨酸	0.40

十二、猪毛菜

猪毛菜（图 2-12）是藜科猪毛菜属植物。猪毛菜为一年生草本，高 20~100 cm；茎自基部分枝，枝互生，伸展，茎、枝绿色，有白色或紫红色条纹，生短硬毛或近于无毛。叶片丝状圆柱形，伸展或微弯曲，长 2~5 cm，宽 0.5~1.5 mm，生短硬毛，顶端有刺状尖，基部边缘膜质，稍扩展而下延。分布于我国东北、华北、西北、西南及山东、江苏、安徽、河南等地。

图 2-12 猪毛菜

猪毛菜是中等品质的饲料。幼嫩茎叶,羊少量采食。调制后猪、禽喜食。其饲用部分为幼苗及嫩茎叶,6—7月割取全草,切碎可生喂猪、禽,也可发酵饲用。8月以后,茎秆硬,饲用价值降低。

猪毛菜的养分含量及氨基酸含量如表2-21、表2-22所示。

表 2-21 猪毛菜的养分含量

养分	含量
木质素 /%	5.31
酸性洗涤纤维 /%	33.70
中性洗涤纤维 /%	44.80
粗灰分 /%	15.60
粗纤维 /%	27.90
磷 /%	0.19
钙 /%	1.25
水分 /%	73.35
粗蛋白质 /%	14.83
粗脂肪 /%	1.43
总能 /(kJ/kg)	15 207.00

表 2-22 猪毛菜的氨基酸含量

氨基酸	含量 /%
天冬氨酸	0.86
苏氨酸	0.44
丝氨酸	0.46
谷氨酸	1.22
甘氨酸	0.56
丙氨酸	0.63
胱氨酸	0.00
缬氨酸	0.62
蛋氨酸	0.19
异亮氨酸	0.56
亮氨酸	0.85
酪氨酸	0.38
苯丙氨酸	0.43
赖氨酸	0.68
组氨酸	0.21
精氨酸	0.59
脯氨酸	0.66

十三、狭裂白蒿

狭裂白蒿（图 2-13），俗名康拉巴，是菊科蒿属植物。多年生草本。主根细长，侧根多；根状茎常匍匐延伸。茎单生或少数，高 25～60 cm，具细纵棱；上部分枝长 2～5 cm，下部枝长 8～20 cm；茎、枝初时密被灰白色或灰黄色蛛丝状茸毛，后茎下部毛渐脱落，上部毛稍稀疏。叶纸质，上面绿色，疏被灰白色短柔毛及白色腺点，背面密被灰白色蛛丝状厚茸毛；基生叶与茎下部叶近圆形或宽卵形，长 3～4.5 cm，宽 3～4 cm。

狭裂白蒿主要分布在内蒙古（南部）、河北（西部）、山西、陕西（北部）、宁夏（南部）、甘肃（东部）及青海（固原）等地；生于海拔 2 300 m 以下地区的田边、路旁、山坡等处。

图 2-13　狭裂白蒿

狭裂白蒿的养分含量及氨基酸含量如表 2-23、表 2-24 所示。

表 2-23　狭裂白蒿的养分含量

养分	含量
木质素 /%	12.33
酸性洗涤纤维 /%	39.50
中性洗涤纤维 /%	46.90
粗灰分 /%	7.86
粗纤维 /%	35.80
磷 /%	0.17
钙 /%	0.81
水分 /%	62.69
粗蛋白质 /%	11.85
粗脂肪 /%	3.51
总能 /（kJ/kg）	19 048.00

表 2-24　狭裂白蒿的氨基酸含量

氨基酸	含量 /%
天冬氨酸	1.26
苏氨酸	0.43
丝氨酸	0.47
谷氨酸	1.21
甘氨酸	0.57
丙氨酸	0.62
胱氨酸	0.00
缬氨酸	0.57
蛋氨酸	0.00
异亮氨酸	0.45
亮氨酸	0.79
酪氨酸	0.37
苯丙氨酸	0.45
赖氨酸	0.60
组氨酸	0.25
精氨酸	0.63
脯氨酸	1.12

十四、猪毛蒿

猪毛蒿（图 2-14）是菊科蒿属一年生或多年生草本植物。高达 1 m。直根系。茎直立，上部分枝，被柔毛。叶密集，茎下部叶有长柄，叶片圆形或矩圆形，长 1.5～3.5 cm，二至三回羽状全裂，小裂片条形。条状披针形或丝状条形；茎中部叶具短柄，基部有 1～3 对丝状条形的假托叶，叶长 1～2 cm，一至二回羽状全裂，小裂片丝状条形，长 0.5～1 cm；花枝上的叶近无柄，3 全裂或不裂，基部有假托叶；叶幼时密被灰色绢状长柔毛，后渐脱落。头状花序小，球形，径 1～1.2 mm，下垂或斜生，极多数排成圆锥状，花梗短或无，苞片丝状条形；总苞无毛，有光泽，总苞片 2～3 层，边缘宽膜质，先端钝，卵形至椭圆形；边缘小花雌性，5～7 枚，花冠细管状，中央小花两性，花冠圆锥状。瘦果矩圆形，长 0.4 mm，褐色。花期 7—8 月，果期 9—10 月。

猪毛蒿生于森林区、草原区及荒漠区的沙质土壤上。在我国各地均有分布，其中内蒙古各地产量较多。

图 2-14　猪毛蒿

猪毛蒿耐干旱、耐贫瘠，可以在各种恶劣的环境中生长，在固土防沙、改善土壤等方面发挥着重要作用。除了生态价值外，猪毛蒿还具有很高的药用价值。此外，猪毛蒿的嫩叶和嫩苗也可以食用，经过简单的烹饪，便是一道美味的野菜。除了药用和食用价值，猪毛蒿也是一种重要的饲料植物，可以用来喂养牲畜。

猪毛蒿的养分含量及氨基酸含量如表 2-25、表 2-26 所示。

表 2-25　猪毛蒿的养分含量

养分	含量
木质素 /%	15.30
酸性洗涤纤维 /%	40.10
中性洗涤纤维 /%	50.00
粗灰分 /%	6.48
粗纤维 /%	33.20
磷 /%	0.21
钙 /%	0.83
水分 /%	64.18
粗蛋白质 /%	13.63
粗脂肪 /%	2.45
总能 /（kJ/kg）	19 878.00

表 2-26　猪毛蒿的氨基酸含量

氨基酸	含量 /%
天冬氨酸	1.18
苏氨酸	0.59
丝氨酸	0.54
谷氨酸	1.40
甘氨酸	0.64
丙氨酸	0.71
胱氨酸	0.00
缬氨酸	0.71
蛋氨酸	0.08
异亮氨酸	0.68
亮氨酸	1.16
酪氨酸	0.60
苯丙氨酸	0.64

(续)

氨基酸	含量/%
赖氨酸	0.71
组氨酸	0.22
精氨酸	0.72
脯氨酸	0.75

十五、骆驼蓬

骆驼蓬（图 2-15），俗名臭古朵、臭骨朵，是蒺藜科骆驼蓬属多年生草本。高 30~70 cm，无毛。根多数，粗达 2 cm。茎直立或开展，由基部多分枝。叶互生，卵形，全裂为 3~5 条形或披针状条形裂片，裂片长 1~3.5 cm，宽 1.5~3 mm。花单生枝端，与叶对生；萼片 5，裂片条形，长 1.5~2 cm，有时仅顶端分裂；花瓣黄白色，倒卵状矩圆形，长 1.5~2 cm，宽 6~9 mm；雄蕊 15，花丝近基部宽展；子房 3 室，花柱 3。蒴果近球形，种子三棱形，稍弯，黑褐色、表面被小瘤状突起。骆驼蓬 5 月上旬返青，7—8 月开花，9—10 月种子成熟。主要分布于宁夏、内蒙古、甘肃、新疆、西藏等地。

图 2-15　骆驼蓬

骆驼蓬在草群中参与度小，草质较粗糙，适口性差。青草只有骆驼采食，干草骆驼仍然喜食，绵羊和山羊有时乐食，牛和马在饥饿状态下采食，可列为低等牧草，但所含营养成分较高。

骆驼蓬的养分含量及氨基酸含量如表 2-27、表 2-28 所示。

表 2-27　骆驼蓬的养分含量

养分	含量
木质素 /%	7.72
酸性洗涤纤维 /%	25.90
中性洗涤纤维 /%	31.90
粗灰分 /%	18.41
粗纤维 /%	24.10
磷 /%	0.19
钙 /%	0.89
水分 /%	79.56
粗蛋白质 /%	20.33
粗脂肪 /%	3.08
总能 /（kJ/kg）	15 991.00

表 2-28　骆驼蓬的氨基酸含量

氨基酸	含量 /%
天冬氨酸	1.55
苏氨酸	0.57
丝氨酸	0.57
谷氨酸	1.90
甘氨酸	0.60
丙氨酸	0.55
胱氨酸	0.00
缬氨酸	0.66
蛋氨酸	0.08

（续）

氨基酸	含量/%
异亮氨酸	0.40
亮氨酸	0.73
酪氨酸	0.41
苯丙氨酸	0.47
赖氨酸	0.69
组氨酸	0.27
精氨酸	0.60
脯氨酸	0.97

十六、藜

藜（图2-16），俗称灰条菜，是苋科藜属一年生草本植物。其茎直立，粗壮，具条棱及绿色或紫红色色条，多分枝；叶片菱状卵形至宽披针形，叶片上面通常无粉，有时嫩叶的上面有紫红色粉，下面多少有粉，边缘具不整齐锯齿；叶柄与叶片近等长，或为叶片长度的1/2；花两性，花簇于枝上部排列成或大或小的穗状圆锥状或圆锥状花序；种子横生，双凸镜状，边缘钝，黑

图2-16 藜

色,有光泽,表面具浅沟纹;胚环形。花果期 5—10 月。

藜喜冷凉气候,耐旱耐瘠,耐霜冻,在肥沃、灌溉较好的土壤中较为旺盛,在干燥和不太肥沃的土壤中通常保持矮化状态。

藜是一种优良的野生牧草,具有抗寒、抗旱、喜盐碱土壤、繁殖力强、收获量高等优点。其营养价值,适口性能基本上与豆科、禾本科牧草相似。

藜的养分含量及氨基酸含量如表 2-29、表 2-30 所示。

表 2-29 藜的养分含量

养分	含量
木质素 /%	3.87
酸性洗涤纤维 /%	25.00
中性洗涤纤维 /%	35.60
粗灰分 /%	19.50
粗纤维 /%	23.90
磷 /%	0.17
钙 /%	0.93
水分 /%	77.91
粗蛋白质 /%	19.98
粗脂肪 /%	1.41
总能 /(kJ/kg)	14 248.00

表 2-30 藜的氨基酸含量

氨基酸	含量 /%
天冬氨酸	1.27
苏氨酸	0.58
丝氨酸	0.58
谷氨酸	1.82

(续)

氨基酸	含量/%
甘氨酸	0.67
丙氨酸	0.71
胱氨酸	0.00
缬氨酸	0.71
蛋氨酸	0.13
异亮氨酸	0.65
亮氨酸	1.13
酪氨酸	0.66
苯丙氨酸	0.82
赖氨酸	0.83
组氨酸	0.31
精氨酸	0.74
脯氨酸	1.00

十七、野燕麦

野燕麦（图2-17），俗名燕麦草，是禾本科燕麦属一年生草本植物。须根较坚韧。秆直立，光滑无毛，高60～120 cm，具2～4节。叶鞘松弛，光滑或基部者被微毛；叶舌透明膜质，长1～5 mm；叶片扁平，长10～30 cm，宽4～12 mm，微粗糙，或上面和边缘疏生柔毛。圆锥花序开展，金字塔形，长10～25 cm，分枝具棱角，粗糙；小穗长18～25 mm，含2～3小花，其柄弯曲下垂，顶端膨胀；小穗轴密生淡棕色或白色硬毛，其节脆硬易断落，第一节间长约3 mm；颖草质，几相等，通常具9脉；外稃质地坚硬，第一外稃长15～20 mm，背面中部以下具淡棕色或白色硬毛，芒自稃体中部稍下处伸出，长2～4 cm，膝曲，芒柱棕色，扭转。颖果被淡棕色柔毛，腹面具纵沟，长

6~8 mm。花果期 4—9 月。

我国南北各省均有分布。生于海拔 1 300~2 400 m 荒芜田野或田间杂草，生命力强，无法套种。

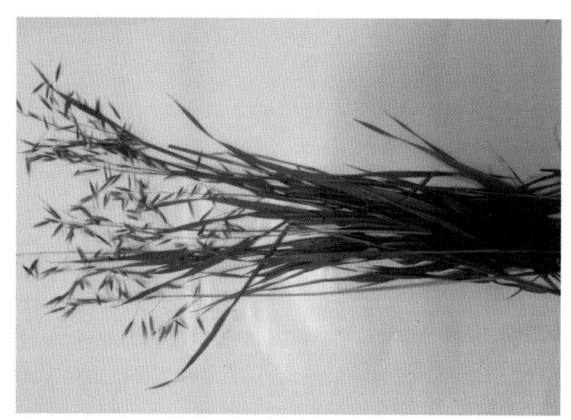

图 2-17　野燕麦

野燕麦放牧利用时，由于其含糖量高，适口性好，植株高大，茎细，叶量较多，宜于收割后调制干草。刈割青饲用应在抽穗期，此时蛋白质含量高，产草量也较高；调制干草可到开花期收割，能增加收获量。

野燕麦的养分含量及氨基酸含量如表 2-31、表 2-32 所示。

表 2-31　野燕麦的养分含量

养分	含量
木质素 /%	4.42
酸性洗涤纤维 /%	28.30
中性洗涤纤维 /%	53.50
粗灰分 /%	8.32
粗纤维 /%	26.40
磷 /%	0.22

（续）

养分	含量
钙 /%	0.17
水分 /%	76.67
粗蛋白质 /%	11.44
粗脂肪 /%	1.99
总能 /（kJ/kg）	17 664.00

表 2-32　野燕麦的氨基酸含量

氨基酸	含量 /%
天冬氨酸	0.84
苏氨酸	0.38
丝氨酸	0.39
谷氨酸	1.32
甘氨酸	0.48
丙氨酸	0.67
胱氨酸	0.00
缬氨酸	0.55
蛋氨酸	0.09
异亮氨酸	0.42
亮氨酸	0.70
酪氨酸	0.34
苯丙氨酸	0.44
赖氨酸	0.42
组氨酸	0.18
精氨酸	0.71
脯氨酸	0.90

第三节 青贮饲料的制作

一、青贮的工艺

目前,青贮的工艺主要有高水分青贮、普通青贮、半干青贮、混合青贮和添加剂青贮等。

(一)高水分青贮

高水分青贮指被刈割的青贮原料未经田间干燥即贮存,一般情况下含水量在70%以上。此法的优点是原料不经晾晒,减少了气候影响和田间损失,作业简单,效率高;缺点是高水分对发酵过程有害,容易产生品质差和不稳定的青贮原料。

(二)普通青贮

适时收割,如禾本科牧草在孕穗到抽穗期,带果穗的玉米在蜡熟期收割,豆科牧草在现蕾期到开花期收割;调节水分,禾本科牧草控制在65%~70%;切碎和装填,禾本科和豆科牧草及叶菜类等切成2~3 cm,玉米等粗茎植物切成0.5~2 cm,尤其是靠近壁和角的地方不能留有空隙,以减少空气;密封,原料装填压实之后,应立即密封和覆盖,隔绝空气与原料接触,并防止雨水进入。

(三)半干青贮

半干青贮也称低水分青贮,是将青贮用的饲草晾晒到含水量40%~55%时进行青贮。主要用于牧草,特别是豆科牧草。首先通过晾晒或混合其他饲料使其含水量达到半干青贮的条件,应用密封性强的青贮容器,切碎后快速装填,从而达到稳定青贮饲料品质的目的。

（四）混合青贮

混合青贮指将两种以上的青贮原料进行混合，彼此取长补短，不但容易青贮成功，还可调制出品质优良的青贮饲料。如甜菜叶、块根块茎类、瓜类与农作物秸秆或糠麸等混合青贮；豆科牧草与禾本科牧草混合青贮；沙打旺与玉米秸秆按1∶1或6∶4混合青贮；苜蓿与玉米秸秆按1∶2或1∶3混合青贮；玉米秸秆与马铃薯茎叶混合青贮；豌豆与燕麦混合青贮均可达到良好的效果。

（五）添加剂青贮

目前主要用尿素等营养性添加剂青贮，目的是改善青贮饲料的营养价值，在玉米青贮饲料中添加0.5%的尿素，粗蛋白质可提高8%～14%。

二、青贮容器的选择

目前，生产中常用的青贮容器主要有堆积式青贮、青贮塔、青贮窖、青贮壕、青贮拉伸膜裹包和青贮塑料袋等几种类型。

（一）堆积式青贮

堆积式青贮是指在平坦干燥的地面上垂直堆成2～3 m高的草堆，用塑料膜覆盖在压实后青贮料上，之后在垛顶和草堆周围压上旧橡胶轮胎，并在草堆外围放置沙袋，以防塑料膜被风揭开。

（二）青贮塔

青贮塔是经过专业技术设计，由混凝土、钢铁或木头建造成的圆柱形建筑，适用于饲养规模较大、经济条件较好的饲养场。

一般青贮塔直径4～6 m，高13～15 m，塔顶有防雨设备，塔身一侧每隔2～3 m留一个60 cm×60 cm的窗口，装料时关闭，用完后开启。原料由塔顶装入、取料由底层取出，是目前保存青贮料最有效的方法之一。

（三）青贮窖

青贮窖是我国农村普遍使用的容器，可分为半地下式或地上式两种，长方形窖宽1.5～3 m、深2.5～4 m，长度根据需要而定，超过5 m时，每隔4 m砌一横墙，以加固窖壁。

（四）青贮壕

青贮壕适用于大规模养殖场，一般宽4～6 m，深5～7 m，地上至少2～3 m，长20～40 m，必须用砖、石、水泥建筑永久窖。

（五）青贮拉伸膜裹包

青贮拉伸膜裹包青贮是指将收获的新鲜牧草用打包机高密度压实打捆，然后用专用青贮塑料拉伸裹包起来，营造一个最佳的发酵环境。

（六）青贮塑料袋

青贮塑料袋青贮是指采用质量较好的塑料薄膜制成袋，装填青贮原料，袋口扎紧，堆放在羊舍内，使用很方便。

三、普通青贮的步骤

（一）青贮窖建造

在地势高、向阳干燥、土质结实的地方，用砖、水泥、沙灰建长方形半地上或地上窖，大小根据青贮料的多少和场地确定，但墙高不宜超过 2 m，一般每立方米可贮藏全株玉米 600～700 kg。

（二）适时收割

禾本科牧草在孕穗期到抽穗期，玉米秆下部 1～2 片叶枯黄时收割，带果穗的玉米在蜡熟期收割，豆科牧草在现蕾期到开花期收割。甘薯藤、马铃薯叶等在收薯前 1～2 d 进行。

（三）切碎

禾本科牧草和豆科牧草切成 2～3 cm 长，玉米秸等切成 0.4～2 cm 长。

（四）装填

铡短的青绿饲料应及时装填。为了加强密封，防止漏气透水，在青贮窖四周可铺填塑料薄膜。装填青绿饲料时应逐层装入。每层 15～20 cm 厚，压实后继续装填，特别是四角和靠壁部位要踏实。装到高出窖口 1～1.5 m 为止，然后再压实。检查其紧实度是否适当的标准是：发酵完成后饲料下沉不超过深度的 10% 为宜。

（五）密封

严密封窖、防止漏水漏气是调制优质青贮料的一个重要环节。当秸秆装贮到窖口 60 cm 以上时即可加盖封顶。可先盖一层切短的秸秆或软草（厚 20～30 cm），铺盖塑料薄膜再用土 30～50 cm 覆盖拍实，做成馒头形，以利排水。

（六）青贮窖的管理

距窖四周 1 m 处挖排水沟，防止雨水向窖内渗入。应经常检查。窖顶有裂纹应及时覆土压实，防止透气和进雨水。

（七）在操作过程中应注意的问题

（1）缩短铡装时间，减少氧化产热程度。青贮时应做到随装随贮。每窖铡装过程不超过半天。

（2）踩踏一定要结实。一是要切短秸秆，二是要重踩重压。最好采用机械。

（3）青贮料要力争干净，忌泥土。

（4）窖顶应呈凸圆形，上面不能堆放柴草，以防老鼠停留打洞。发现自然下沉或裂纹，应及时添加封土，以防进水、进气、进鼠，影响青贮质量。

（5）开窖取料时，应在青贮40 d以后进行，在霜降、立冬以后，随取随喂，取后盖好封口。

四、青贮饲料品质的评定及喂法

（一）青贮饲料品质的评定

分为感观鉴定和实验室鉴定两种，因在实际生产中不进行实验室鉴定，所以根据青贮饲料的颜色、气味、味道、手感来判断的感观鉴定法尤为重要。

饲料的颜色越是接近原来的颜色，其质量就越好。如果变成褐色或黑绿色，则表示质量低劣。

正常的青贮饲料有一种酸香味。若带有腐烂或发霉味，则质量不好。

质量好的青贮饲料拿到手里感觉松散，而且质地柔软、湿润。如果感到发枯，或虽松散，但干燥粗硬，则也算不好的青贮饲料。

腐败、恶臭的青贮饲料应禁止饲喂。

（二）青贮饲料的取用方法及喂量

取用青贮饲料时，先将取用端的土和腐烂层除掉，注意不要让泥土落入青贮饲料中，然后从打开的一端逐层开始取用。每次取用后，用塑料薄膜封闭严实，以免空气侵入引起饲料霉变。

家畜改换饲喂青贮饲料时可由少到多逐渐增加。青贮饲料可单独喂，也可与日常饲草掺和着饲喂。停喂青贮饲料时应由多到少，使家畜逐渐适应。

青贮饲料的用量，应视家畜种类、年龄、生产水平和青贮饲料的品质好坏而定。

五、全株玉米青贮

全株玉米青贮（图2-18）是指在玉米籽粒成熟前，利用田间收获的整株带穗玉米为新鲜原料，经过铡短、切碎等加工处理后立即进行填装压实，经过一段时间厌氧发酵而制成的一种便于长期保存的饲料。

图2-18　全株玉米青贮

全株玉米青贮饲料颜色黄绿、气味酸香、柔软多汁、适口性好、营养丰富，是奶牛、肉牛、肉羊等草食动物的重要纤维性饲料原料。全株玉米青贮饲料虽然提高了单位能量的含量，但缺乏牲畜必需的赖氨酸、色氨酸等氨基酸以及铜、铁、维生素 B_1 等营养物质，因此应配合大豆饼粕类饲料、预混料、氨基酸添加剂等一起饲喂。由于全株玉米青贮料酸度较大，瘤胃微生物需要一个适应过程，因此在正式饲喂前应进行逐步过渡，或添加石灰水、小苏打等物质来调节饲料的酸度。取用时应从上至下、从左至右（或从右至左）依次取用，保持截面整齐，尽量减少暴露面。在饲喂时最好采用 TMR（全混合日粮）饲喂方式或先喂全株玉米青贮再给予干草和精料。

全株玉米青贮的养分含量及氨基酸含量如表 2-33、表 2-34 所示。

表 2-33　全株玉米青贮的养分含量

养分	含量
木质素 /%	4.67
酸性洗涤纤维 /%	33.90
中性洗涤纤维 /%	67.30
粗灰分 /%	6.50
粗纤维 /%	29.10
磷 /%	0.19
钙 /%	0.38
水分 /%	71.26
粗蛋白质 /%	8.36
粗脂肪 /%	2.42
总能 /（kJ/kg）	17 696.00

表 2-34　全株玉米青贮的氨基酸含量

氨基酸	含量/%
天冬氨酸	0.49
苏氨酸	0.30
丝氨酸	0.23
谷氨酸	0.85
甘氨酸	0.41
丙氨酸	0.69
胱氨酸	0.00
缬氨酸	0.40
蛋氨酸	0.07
异亮氨酸	0.26
亮氨酸	0.60
酪氨酸	0.23
苯丙氨酸	0.28
赖氨酸	0.33
组氨酸	0.17
精氨酸	0.50
脯氨酸	0.39

第三章

能量饲料

第一节　能量饲料概述

一、能量饲料的定义与特点

（一）能量饲料的定义

能量饲料是指饲料干物质中粗纤维含量低于18%、粗蛋白质含量低于20%的饲料。这类饲料通常含有较高的无氮浸出物，如淀粉和糖，这些成分在动物体内可以转化为能量。能量饲料包括谷实类饲料、糠麸类饲料、块根、块茎及瓜类饲料。

（二）能量饲料的特点

能量饲料具有易消化、营养物质含量高、体积小、水分少、粗纤维含量低和适口性好等优点。

1. 易消化性

这类饲料通常含有较高的无氮浸出物，如淀粉和糖类，这些成分在动物体内能够迅速被消化酶分解为简单糖类，进而通过糖解作用、柠檬酸循环和氧化磷酸化等过程转化为动物所需的能量。这种高效的能量转化机制使得能量饲料成为动物快速生长和生产的重要支撑。

2. 营养物质含量高

能量饲料不仅易于消化，而且营养物质含量丰富。尽管它们可能不含有特别高的粗蛋白质，但在能量供应方面却表现出色。高含量的碳水化合物（如淀粉和糖）使得能量饲料成为动物获取能量的主要来源。此外，这些饲料中还含有一定量的脂肪、矿物质和维生素，虽然含量相对较低，但对于满足动物的全面营养需求也起到了一定的补充作用。

3. 体积小、水分少

这一特点使得能量饲料在储存和运输过程中更加便捷，减少了因水分蒸发或霉变而导致的营养损失。同时，小体积的饲料也便于动物采食和消化，提高了饲料的利用率。

4. 粗纤维含量低

与粗饲料相比，能量饲料的粗纤维含量显著降低。粗纤维是植物细胞壁的主要成分，对于动物来说难以消化。因此，低粗纤维含量使得能量饲料在动物体内的消化率更高，能够更有效地为动物提供所需的能量。这一特点也使得能量饲料在配制高精料日粮时具有更大的优势。

5. 适口性好

能量饲料的适口性也是其重要特点之一。良好的适口性意味着动物更愿意采食这类饲料，从而保证了饲料的摄入量。这对于提高动物的生长速度和生产性能至关重要。例如，玉米等谷物类能量饲料因其柔嫩多汁的口感和易于咀嚼的特性而深受动物喜爱。

二、营养价值与消化率

（一）营养价值

能量饲料主要提供动物所需的能量，同时也含有一定量的蛋白质、脂肪、矿物质和维生素等营养成分。然而，由于能量饲料中的粗蛋白质含量较少，且品质多不完善，因此需要与其他饲料搭配使用，以满足动物的全面营养需求。

（二）消化率

能量饲料的消化率一般都较高，但由于籽实类饲料的种皮、硬壳及内部淀粉粒的结构均影响着营养成分的消化吸收和利用，因此在饲喂前可能需要进行加工调制。

三、饲喂注意事项

（一）合理搭配

能量饲料应与蛋白质饲料、矿物质饲料和维生素饲料等搭配使用，以满足动物的全面营养需求。

（二）适量饲喂

过量饲喂能量饲料可能导致动物肥胖、代谢性疾病等问题，因此应根据动物的品种、生长阶段和生产性能等因素合理确定饲喂量。

（三）加工调制

某些能量饲料在饲喂前需要进行加工调制，以提高其适口性和消化率。例如，谷物类饲料可以粉碎后饲喂，块根块茎类饲料可以切碎后饲喂。

第二节　谷实类饲料

谷实类饲料指禾本科植物成熟的种子。这类种子由种皮、糊粉层、胚乳及胚四部分组成。谷物类饲料的共同营养特征是无氮浸出物含量高，一般都在70%以上；而粗纤维含量通常很低，一般在5%以内，只有带颖壳的大麦、燕麦、稻谷和粟谷等可达10%左右。谷物类饲料的干物质消化率很高，因此有效能值也高。谷物类饲料是各国畜牧业中最重要的大宗能量饲料。谷物类饲料粗蛋白质含量较低，为8%～13%；氨基酸组成不够平衡，缺乏赖氨酸和蛋氨酸，玉米中色氨酸和麦类中苏氨酸含量少也是突出的特点；矿物质中钙含量很低，磷虽多但多以植酸形式存在，单胃动物利用率很低；维生素中 B 族维生素和维生素 E 较为丰富，但缺乏维生素 C 和维生素 D，除黄色玉米和粟谷中含有较多的胡萝卜素外，其他谷物籽实都较缺乏。

一、玉米

玉米（图 3-1），俗名包谷、苞芦等，是禾本科玉蜀黍属一年生雌雄同株异花授粉植物，植株高大，茎强壮，是重要的粮食作物和饲料作物，也是全世界总产量最高的农作物。玉米的产量高，有效能量多，是最常用而且用量最大的一种能量饲料，故有"饲料之王"的美称。

（A）玉米粒

（B）玉米棒

图 3-1 玉米

玉米是各种畜禽饲粮的主要组成部分，尤其对单胃动物来说，玉米更是其基础饲料。由于玉米产量高，能量含量也高，作为能量饲料，玉米在各种谷物类饲料中可谓是排行首位。

玉米的适口性很好，能量含量很高，是单胃畜禽良好的能量饲料，在猪、鸡的配合饲粮中，玉米所占比例约为 60%。其消化能（猪）为 14.27 MJ/kg，代谢能（鸡）为 13.56 MJ/kg，产奶净能（奶牛）为 7.70 MJ/kg。玉米含粗灰分较少，仅 1%，其中钙少磷多，但磷多以植酸盐形式存在，对单胃动物的有效性低，其他矿物质元素尤其是微量元素很少。玉米中维生素含量较少，但维生素 E 含量较多，为 20~30 mg/kg。黄玉米中含有较多的色素，主要是胡萝卜素、叶黄素和玉米黄素等，因此用黄玉米饲喂蛋鸡、肉鸡、奶牛，可以改善蛋黄、皮肤和奶油的色泽，尤其对蛋黄的着色有显著的效果。

玉米的养分含量及氨基酸含量如表 3-1、表 3-2 所示。

表 3-1 玉米的养分含量

养分	含量
木质素 /%	4.21
酸性洗涤纤维 /%	4.10
中性洗涤纤维 /%	8.30
粗灰分 /%	1.36
粗纤维 /%	4.10
磷 /%	0.23
钙 /%	0.08
水分 /%	20.83
粗蛋白质 /%	8.60
粗脂肪 /%	4.36
总能 /（kJ/kg）	19 062.00

表 3-2 玉米的氨基酸含量

氨基酸	含量 /%
天冬氨酸	0.26
苏氨酸	0.15
丝氨酸	0.18
谷氨酸	0.74

（续）

氨基酸	含量/%
甘氨酸	0.17
丙氨酸	0.36
胱氨酸	0.00
缬氨酸	0.22
蛋氨酸	0.05
异亮氨酸	0.17
亮氨酸	0.56
酪氨酸	0.26
苯丙氨酸	0.37
赖氨酸	0.21
组氨酸	0.14
精氨酸	0.18
脯氨酸	0.49

二、谷子

谷子（图3-2），俗名小米，是禾本科狗尾草属一年生草本。

图3-2　谷子

秆粗壮、分蘖少，狭长披针形叶片，有明显的中脉和小脉，具有细毛；穗状圆锥花序；穗长 20～30 cm；小穗成簇聚生在三级支梗上，小穗基本有刺毛。每穗结实数百至上千粒，籽实极小，径约 0.1 cm，谷穗一般成熟后金黄色，卵圆形籽实，粒小多为黄色。去皮后俗称"小米"。粟的稃壳有白、红、黄、黑、橙、紫各种颜色，俗称"粟有五彩"。广泛栽培于欧亚大陆的温带和热带，我国黄河上中游为主要栽培区，其他地区也有少量栽种。

在猪、牛、羊等家畜的饲养中，谷子可以作为主要的饲料来源，提供充足的营养和能量。同时，谷子还可以与其他饲料搭配使用，以提高饲料的营养价值和利用率。在禽类饲养中，谷子籽实可以作为蛋鸡、肉鸡的饲料添加剂，提高蛋品质量和肉品产量。饲用谷子的利用方式多种多样。可以直接将谷子籽实作为饲料投喂给动物，也可以将其加工成谷粉、谷糠等饲料产品，以便更好地满足动物的营养需求。此外，还可以将谷子与其他饲料混合制成颗粒饲料，提高饲料的适口性和利用率。

谷子的养分含量及氨基酸含量如表 3-3、表 3-4 所示。

表 3-3 谷子的养分含量

养分	含量
木质素 /%	5.33
酸性洗涤纤维 /%	13.00
中性洗涤纤维 /%	29.60
粗灰分 /%	2.82
粗纤维 /%	10.00
磷 /%	0.34
钙 /%	0.03
水分 /%	11.59
粗蛋白质 /%	13.59

(续)

养分	含量
粗脂肪 /%	5.35
总能 /（kJ/kg）	17 362.00

表 3-4 谷子的氨基酸含量

氨基酸	含量 /%
天冬氨酸	0.84
苏氨酸	0.45
丝氨酸	0.50
谷氨酸	2.43
甘氨酸	0.36
丙氨酸	1.12
胱氨酸	0.00
缬氨酸	0.61
蛋氨酸	0.24
异亮氨酸	0.56
亮氨酸	1.62
酪氨酸	0.38
苯丙氨酸	0.88
赖氨酸	0.38
组氨酸	0.28
精氨酸	0.40
脯氨酸	1.10

三、小麦

小麦（图 3-3）是禾本科小麦属单子叶植物，在世界各地广泛种植，其颖果是人类的主食之一。小麦在我国各地均有大面积种植，是主要的粮食作物，一般不直接作饲料，用作饲料的只是其加工副产品。

图 3-3　小麦

小麦对猪有良好的适口性，可作为猪的能量饲料。它不仅可以减少任何日粮中蛋白质饲料的用量，而且可以改善肉质。但需要注意的是，小麦的消化能值低于玉米。小麦用作育肥猪饲料时，应磨碎（粒度：700~800 μm）；当用作仔猪饲料时，应粉碎（粒度：500~600 μm）。一般认为，小麦对鸡的饲用价值约为玉米的 90%。小麦作为鸡用饲料时，应注意以下几点。一是不适宜单独使用小麦作为能量饲料。鸡饲粮中小麦与玉米的比例一般为 1∶2。二是小麦不宜压得太细。三是小麦型鸡饲粮中若同时添加阿拉伯木聚糖酶和 β- 葡聚糖酶复合酶制剂，可获得较好的饲喂效果。四是小麦中的色素较少，会导致鸡肉制品中的色素不好。如有必要，可考虑使用着色剂。小麦是牛、羊等反刍动物的良好能量饲料。喂食前应将其压碎或压平。日粮中小麦的添加量不宜过多（控制在 50% 以下），否则易引起瘤胃酸中毒。小麦中的淀粉较软、较黏，因此小麦是较好的鱼类饲料。

小麦的养分含量及氨基酸含量如表 3-5、表 3-6 所示。

表 3-5　小麦的养分含量

养分	含量
木质素 /%	1.65
酸性洗涤纤维 /%	3.50
中性洗涤纤维 /%	14.40
粗灰分 /%	1.80
粗纤维 /%	3.80
磷 /%	0.38
钙 /%	0.04
水分 /%	10.29
粗蛋白质 /%	14.53
粗脂肪 /%	1.02
总能 /（kJ/kg）	18 043.00

表 3-6　小麦的氨基酸含量

氨基酸	含量 /%
天冬氨酸	0.67
苏氨酸	0.41
丝氨酸	0.61
谷氨酸	3.35
甘氨酸	0.74
丙氨酸	0.72
胱氨酸	0.00
缬氨酸	0.74
蛋氨酸	0.18
异亮氨酸	0.55
亮氨酸	1.05
酪氨酸	0.76
苯丙氨酸	0.76
赖氨酸	0.43

（续）

氨基酸	含量 /%
组氨酸	0.34
精氨酸	0.69
脯氨酸	0.91

四、燕麦

燕麦（图 3-4）是禾本科燕麦属植物，《本草纲目》中称为雀麦、野麦子。燕麦不易脱皮，因此被称为皮燕麦。燕麦是一种低糖、高营养、高能食品，在我国多地都有栽培。

图 3-4　燕麦

对于鸡来说，燕麦的饲用价值较低。在配制鸡饲粮时，宜少用或不用燕麦。

燕麦可作为猪饲料，但用量不宜过多，一般在种猪日粮中以 10%～20% 为宜。肥育猪饲粮中添加较多的燕麦会使脂肪软化，肉质下降。燕麦在喂食前应先磨碎。在含燕麦的饲粮中添加纤维素酶可提高燕麦的饲喂价值。

燕麦是牛、羊、马等的良好能量饲料,其适口性好,饲喂价值较高,饲用前可磨碎,甚至可整粒饲喂。

燕麦的养分含量及氨基酸含量如表3-7、表3-8所示。

表3-7 燕麦的养分含量

养分	含量
木质素/%	3.87
酸性洗涤纤维/%	13.10
中性洗涤纤维/%	24.20
粗灰分/%	2.88
粗纤维/%	11.70
磷/%	0.29
钙/%	0.15
水分/%	10.59
粗蛋白质/%	11.06
粗脂肪/%	5.10
总能/(kJ/kg)	19 972.00

表3-8 燕麦的氨基酸含量

氨基酸	含量/%
天冬氨酸	0.85
苏氨酸	0.36
丝氨酸	0.51
谷氨酸	2.31
甘氨酸	0.56
丙氨酸	0.57
胱氨酸	0.07
缬氨酸	0.60
蛋氨酸	0.15
异亮氨酸	0.42

（续）

氨基酸	含量/%
亮氨酸	0.77
酪氨酸	0.50
苯丙氨酸	0.54
赖氨酸	0.43
组氨酸	0.26
精氨酸	0.64
脯氨酸	0.75

五、莜麦

莜麦（图3-5），俗名油麦，是禾本科燕麦属一年生植物。莜麦秆丛生，叶鞘基生者长于节间，叶片质软；圆锥花序开展，分枝纤细；小穗具小穗轴，坚韧，无毛，弯曲，颖近相等；外稃革质较软，基盘无毛，直立或反曲；先端芒尖，与稃体分离，花果期6—8月。莜麦喜寒凉，耐干旱，抗盐碱，生长期短，在中国西北、西南、华北等地均有栽培。

图3-5　莜麦

莜麦由于兼具食用和饲用的价值,其草量大、茎秆柔软适口性好,且富含营养,消化率高,籽粒和茎叶均可作为饲料。

莜麦的养分含量及氨基酸含量如表3-9、表3-10所示。

表3-9 莜麦的养分含量

养分	含量
木质素 /%	2.23
酸性洗涤纤维 /%	4.20
中性洗涤纤维 /%	32.70
粗灰分 /%	2.06
粗纤维 /%	3.40
磷 /%	0.39
钙 /%	0.09
水分 /%	11.11
粗蛋白质 /%	20.63
粗脂肪 /%	6.25
总能 /(kJ/kg)	20 015.00

表3-10 莜麦的氨基酸含量

氨基酸	含量 /%
天冬氨酸	1.47
苏氨酸	0.63
丝氨酸	0.86
谷氨酸	4.16
甘氨酸	0.98
丙氨酸	1.10
胱氨酸	0.00
缬氨酸	1.11
蛋氨酸	0.30
异亮氨酸	0.77

（续）

氨基酸	含量 /%
亮氨酸	1.35
酪氨酸	0.54
苯丙氨酸	0.94
赖氨酸	0.77
组氨酸	0.45
精氨酸	1.24
脯氨酸	0.89

六、稷

稷（图3-6），俗名糜子、黍，是禾本科黍属一年生草本谷类作物。稷根系发达，且生长速度极快；茎秆直立，中空呈圆柱形，有粗糙茸毛；其叶面和叶鞘有茸毛，且花形呈圆锥状，花期为5～10 d；种子多为卵圆形，有黄色、白色和红色等。

图3-6　稷

稷中含有大量的蛋白质、脂肪、碳水化合物、维生素和矿物质等,适合于家畜、禽类、鸟类等多种动物的饲料。由于稷粒小、易消化,常用作幼崽或幼禽的饲料。稷还具有清热解毒、健脾养胃的作用,能够促进动物的健康成长。

稷的养分含量及氨基酸含量如表 3-11、表 3-12 所示。

表 3-11 稷的养分含量

养分	含量
木质素 /%	3.96
酸性洗涤纤维 /%	14.10
中性洗涤纤维 /%	16.60
粗灰分 /%	2.95
粗纤维 /%	9.60
磷 /%	0.31
钙 /%	0.04
水分 /%	13.98
粗蛋白质 /%	14.98
粗脂肪 /%	3.38
总能 /(kJ/kg)	48 859.00

表 3-12 稷的氨基酸含量

氨基酸	含量 /%
天冬氨酸	0.80
苏氨酸	0.43
丝氨酸	0.80
谷氨酸	2.92
甘氨酸	0.31
丙氨酸	1.36
胱氨酸	0.00
缬氨酸	0.70
蛋氨酸	0.22

（续）

氨基酸	含量/%
异亮氨酸	0.52
亮氨酸	1.68
酪氨酸	0.37
苯丙氨酸	0.71
赖氨酸	0.27
组氨酸	0.30
精氨酸	0.41
脯氨酸	1.11

七、荞麦

荞麦（图3-7），俗名甜荞，是蓼科荞麦属一年生草本植物。茎直立，多分枝，光滑，淡绿色或红色；叶互生；下部叶有长柄，上部叶近无柄；叶片三角形或卵状三角形，先端渐尖，基心形或箭形，全缘，两面无毛，仅沿叶脉有毛；花序总状或圆锥状，顶生或腋生；花淡红色或白色，密集；瘦果卵形，有三锐棱，黄褐色，光滑；花果期7—10月。

图3-7　荞麦

荞麦是一种优质的饲料来源,适用于多种畜禽,能够提供丰富的营养,帮助改善动物产品的质量和产量。

荞麦的养分含量及氨基酸含量如表 3-13、表 3-14 所示。

表 3-13 荞麦的养分含量

养分	含量
木质素 /%	7.37
酸性洗涤纤维 /%	13.80
中性洗涤纤维 /%	18.60
粗灰分 /%	2.41
粗纤维 /%	12.80
磷 /%	0.35
钙 /%	0.08
水分 /%	13.27
粗蛋白质 /%	13.19
粗脂肪 /%	1.70
总能 /(kJ/kg)	18 497.00

表 3-14 荞麦的氨基酸含量

氨基酸	含量 /%
天冬氨酸	1.06
苏氨酸	0.43
丝氨酸	0.56
谷氨酸	2.00
甘氨酸	0.66
丙氨酸	0.76
胱氨酸	0.00
缬氨酸	0.57
蛋氨酸	0.10
异亮氨酸	0.48

（续）

氨基酸	含量/%
亮氨酸	0.82
酪氨酸	0.31
苯丙氨酸	0.55
赖氨酸	0.70
组氨酸	0.29
精氨酸	1.08
脯氨酸	0.56

八、苦荞麦

苦荞麦（图3-8）是蓼科荞麦属一年生草本植物。具有直立的茎、宽三角形的叶子、总状的花序以及黑褐色的果实。花期6—9月，果期8—10月。

图3-8　苦荞麦

苦荞麦不仅有很好的营养价值、食用价值和药用价值，也是很好的饲料作物，其籽粒、碎粒、皮壳、秸秆和青贮都可以饲喂畜禽，而广泛用作牲畜饲料的是碎粒、米糠和皮壳。苦荞麦碎粒是珍贵饲料，用其饲喂家禽可提高产蛋率，也能加快雏鸡的生长速度；饲喂奶牛可提高牛奶的产量和品质；饲喂猪能提高肉的品质。

苦荞麦的养分含量及氨基酸含量如表 3-15、表 3-16 所示。

表 3-15　苦荞麦的养分含量

养分	含量
木质素 /%	6.96
酸性洗涤纤维 /%	15.30
中性洗涤纤维 /%	21.40
粗灰分 /%	2.80
粗纤维 /%	14.50
磷 /%	0.34
钙 /%	0.13
水分 /%	12.90
粗蛋白质 /%	13.47
粗脂肪 /%	2.24
总能 /（kJ/kg）	18 665.00

表 3-16　苦荞麦的氨基酸含量

氨基酸	含量 /%
天冬氨酸	1.07
苏氨酸	0.41
丝氨酸	0.57
谷氨酸	1.92
甘氨酸	0.68
丙氨酸	0.67
胱氨酸	0.00

（续）

氨基酸	含量 /%
缬氨酸	0.63
蛋氨酸	0.05
异亮氨酸	0.45
亮氨酸	0.78
酪氨酸	0.54
苯丙氨酸	0.63
赖氨酸	0.69
组氨酸	0.28
精氨酸	1.41
脯氨酸	0.68

第三节 糠麸类饲料

一般谷实的加工分为制粉和制米两大类。制粉的副产物则为麸，制米的副产物称作糠。主要是由籽实的种皮、糊粉层与胚组成。营养价值的高低随加工方法而异。其一般营养特点为：无氮浸出物比谷实少，占40%～50%，与豌豆和蚕豆相近；粗纤维含量比籽实高，约占10%；粗蛋白质的数量与质量均介于豆科与禾本科籽实之间；米糠中粗脂肪含量达13.1%，其中不饱和脂肪酸含量高；矿物质中磷多（1%以上），钙少（0.11%），且磷多以植酸磷的形式存在；维生素B_1、烟酸及泛酸含量较丰富，其他均缺少。生长快或生产水平高的畜禽应少用或不用这类饲料。

一、麸皮

麸皮（图3-9）指小麦麸，是小麦种子作为面粉加工原料所产生的副产品,主要由小麦种皮、糊粉层、少量胚芽和胚乳组成。麸皮是来源广、数量大的一种能量饲料,其适口性好、质地疏松,含有适量的粗纤维和硫酸盐类,具有一定的轻泻作用,可防止便秘,是妊娠后期和哺乳母畜良好的饲料。

图3-9 麸皮

小麦麸的代谢能较低,不适合用作肉鸡饲料,但种鸡、蛋鸡在不影响热能的情况下可使用,一般用量在10%以下。为了控制生长鸡及后备种鸡的体重,可在其饲料中添加15%~25%的小麦麸,这样可降低日粮的能量浓度,防止鸡体内过多沉积脂肪。小麦麸适口性好,含有轻泻性的盐类,有助于胃肠蠕动和通便润肠,因此是妊娠后期和哺乳母猪的良好饲料。小麦麸用于肉猪肥育的效果较差,其有机物质消化率只有67%左右。小麦麸用于幼猪不宜过多,以免引起消化不良。小麦麸容积大,纤维素含量高,适口性好,是奶牛、肉牛及羊的优良的饲料原料。奶牛精料中添加25%~30%的小麦麸,可增加泌乳量,但用量太高反而失去效果。肉牛精料中可添加50%的小麦麸。

麸皮的养分含量及氨基酸含量如表3-17、表3-18所示。

表 3-17 麸皮的养分含量

养分	含量
木质素 /%	3.73
酸性洗涤纤维 /%	10.30
中性洗涤纤维 /%	45.60
粗灰分 /%	5.66
粗纤维 /%	12.30
磷 /%	1.12
钙 /%	0.12
水分 /%	12.82
粗蛋白质 /%	19.65
粗脂肪 /%	2.75
总能 /（kJ/kg）	19 074.00

表 3-18 麸皮的氨基酸含量

氨基酸	含量 /%
天冬氨酸	0.71
苏氨酸	0.38
丝氨酸	0.57
谷氨酸	2.27
甘氨酸	0.78
丙氨酸	0.78
胱氨酸	0.00
缬氨酸	0.69
蛋氨酸	0.00
异亮氨酸	0.42
亮氨酸	0.45
酪氨酸	0.31
苯丙氨酸	0.29
赖氨酸	0.45

（续）

氨基酸	含量/%
组氨酸	0.13
精氨酸	0.84
脯氨酸	0.18

二、米糠

米糠是糙米精制成大米时的副产品，由种皮、糊粉层、胚及少量的胚乳组成。其营养价值依加工程度而异。加工的精米越白，则进入米糠的胚乳越多，其能值越高。米糠约含13%的粗蛋白质和17%的粗脂肪，有效能值仅低于稻谷；含有较多的含硫氨基酸，且含铁、锰、锌丰富；含磷量高于钙20倍。

米糠适于饲喂各种家畜，但由于其油脂含量较高，易氧化酸败不宜储藏，在饲粮中配比过高会引起腹泻及体脂肪发软。一般米糠喂鸡，用于粉料中以3%~8%为宜，猪应控制在20%以下；乳牛和肉牛饲粮中可用20%左右。

三、其他糠麸

主要有高粱麸、玉米皮等。高粱糠消化能高于小麦麸。对猪、鸡的喂量应限制；饲喂奶牛和肉牛效果较好。玉米皮因粗纤维含量较高，对猪和鸡的有效能值较低，不宜喂仔猪，但可作为乳牛和肉牛饲料。

第四节　块根、块茎及瓜类饲料

块根、块茎及瓜类饲料主要包括马铃薯、甘薯、木薯、甜菜、胡萝卜、南瓜等。这类饲料的最大特点是水分含量高达

75%～90%。干物质中无氮浸出物达60%～80%，粗纤维占3%～10%，蛋白质仅为5%～10%，矿物质为0.8%～1.8%，缺乏B族维生素。适口性好，消化率高，且干物质的代谢能高；除胡萝卜和红心甘薯及南瓜外，都缺乏胡萝卜素。

一、马铃薯

马铃薯（图3-10），俗名土豆、洋芋、地蛋和山药蛋等，是茄科茄属草本植物。虽然马铃薯在我国被广泛种植，但是一般用于食用及制作淀粉，较少用作饲料。

图3-10　马铃薯

对于草食家畜而言，马铃薯熟喂以及生喂基本没有区别，生喂时应当切碎后饲喂。但是对于猪而言，生喂效果没有熟喂效果好，生喂可能会导致猪腹泻。值得注意的是，马铃薯含有龙葵精（一般情况含量极小），若发现马铃薯皮变为青色甚至发紫或者发芽，不能用于饲喂家畜。马铃薯必须保存在干燥、凉爽、无阳光直射的地方，防止发芽变绿。如遇发芽变绿，应削去绿皮，挖掉芽眼，并放在水中浸泡30～60 min，沥去残水，充分蒸煮。经过处理的马铃薯可以限量饲喂，但不能饲喂繁殖家畜。

马铃薯的养分含量及氨基酸含量如表 3-19、表 3-20 所示。

表 3-19　马铃薯的养分含量

养分	含量
木质素 /%	1.52
酸性洗涤纤维 /%	2.70
中性洗涤纤维 /%	11.10
粗灰分 /%	4.76
粗纤维 /%	2.60
磷 /%	0.23
钙 /%	0.04
水分 /%	80.56
粗蛋白质 /%	9.95
粗脂肪 /%	0.00
总能 /（kJ/kg）	16 188.00

表 3-20　马铃薯的氨基酸含量

氨基酸	含量 /%
天冬氨酸	1.49
苏氨酸	0.27
丝氨酸	0.29
谷氨酸	1.64
甘氨酸	0.28
丙氨酸	0.44
胱氨酸	0.00
缬氨酸	0.43
蛋氨酸	0.12
异亮氨酸	0.29
亮氨酸	0.42
酪氨酸	0.43

（续）

氨基酸	含量/%
苯丙氨酸	0.33
赖氨酸	0.62
组氨酸	0.14
精氨酸	0.61
脯氨酸	0.54

二、甘薯

甘薯，俗名甜薯，是薯蓣科薯蓣属草质藤本植物，是我国种植最广、产量最大的薯类作物，是我国四大粮食作物之一。

新鲜甘薯多汁、味甜、适口性好，畜禽喜欢进食。对于猪来说，甘薯适口性好，甘薯对育肥猪及泌乳猪具有较好的沉积脂肪及增加泌乳量的功效，但是仔猪对甘薯的利用率较差，应当少用。对于反刍动物而言，甘薯对奶牛具有促进消化及增加产奶量的功效。无论甘薯是生还是熟，动物都喜食。特别是甘薯熟喂能提高动物的能量及干物质的消化率，尤其是蛋白质的消化率。

新鲜甘薯不能进行冷冻，一般储存在13℃左右的环境下，避免发芽、发霉。甘薯倘若保存不当，则会出现黑斑，黑斑甘薯味苦，含有毒性酮，食用变质甘薯会导致动物严重腹泻，因此在甘薯产量较大的地区，可将甘薯切片晾干，以便保存备用。

在日常饲养过程中，生长猪日粮中的甘薯干不能超过15%，育肥猪日粮中的甘薯干不能超过20%。雏鸡、肉鸡及其他禽类都不宜采用甘薯饲喂。而对于蛋鸡，可以在日粮添加少于10%的甘薯以补充蛋白质。

三、木薯

木薯是大戟科木薯属植物，其茎秆基部形成的块茎部分能生产淀粉并饲喂动物。木薯一般分为甜味种及苦味种。

木薯中含有有毒物质，其主要成分为氰葡萄糖苷，它在酶的作用下，可生成剧毒的氢氰酸，其主要生成部位是木薯的皮层。据分析，每千克木薯块中含氰化物 10~370 mg。木薯皮中含毒量最高，每千克可达 560 mg 左右。多食木薯可使动物中毒。因此，在实际饲喂时，应先对木薯进行脱毒处理，如在沸水中煮沸 15 min，可降低 95% 以上的毒性，或在 75℃下烘 7~8 h，可降低 60% 以上的毒性。

通常木薯干可用于配置畜禽平衡饲料的原料。木薯的饲用价值为玉米的 70%，通常鸡饲料中木薯的含量不应当超过 10%。生长猪日粮中的木薯用量不应超过 15%，育肥猪日粮中的木薯用量不应超过 20%。在日粮中添加的木薯如未超过 1/4，则对猪无毒，给猪、牛饲喂过多木薯则易引起下痢，乃至中毒。

四、甜菜

甜菜，俗名红菜头，是藜科甜菜属二年生草本植物，是我国主要的农作物之一，一般用来作为糖料作物。虽然甜菜本身作为制糖行业的重要来源，但是本身也是反刍动物优质的饲料来源。

甜菜的根、渣、茎、叶均能作为饲料来源，并且营养丰富，适口性好。一般而言，甜菜叶的粗蛋白质含量、钙磷含量均高于甜菜根、渣，其粗蛋白质含量达 22%。甜菜渣是甜菜洗净后，除去茎叶并进行萃取制得砂糖后剩下的副产物，其主要成分是无氮浸出物，消化能值高，粗蛋白质含量较少且品质差，但是粗纤维含量较高，很适合作为反刍动物的饲料来源或进行青贮后饲喂。

各类甜菜所含有的无氮浸出物中主要是糖分（蔗糖），也含有少量的淀粉与果胶物质。由于糖用与半糖用甜菜含有大量蔗糖，故其块根一般不用作饲料，而是先用于制糖，然后以其副产品甜菜渣作为饲料。根据甜菜对不同动物的不同消化率，饲用甜菜喂牛，糖用甜菜喂猪最为适宜。但不宜喂种公羊和去势公羊，以免引起尿道结石。甜菜喂量不宜过多，也不宜单一饲喂。刚收获的甜菜不宜马上投喂，否则易引起下痢。在猪、牛大群饲养中，一年四季都可喂青贮甜菜。

新鲜收获的甜菜茎叶含水量较高，因此可以作为蛋白质含量较高的青绿饲料进行利用。与甜菜根、渣相比，甜菜茎叶的粗蛋白质含量，以及钙、磷含量均较高。甜菜茎叶由于含水量高、柔软，并且含有一定的糖分，因此适口性好，并且有较多研究表明，甜菜茎叶能促进家畜消化。作为青绿饲料，甜菜茎叶必须保持新鲜，不能长时间堆放，但是采摘后不能马上进行饲喂，否则易引起腹泻。使用甜菜饲喂时需要补充钙。

甜菜渣适口性好，直接饲喂能对母畜的泌乳能力产生促进效果。甜菜渣中中性洗涤纤维及酸性洗涤纤维含量均较高，能作为反刍动物的青贮饲料；甜菜渣含钙较丰富，且钙多于磷，多用于肥育牛。甜菜渣用于饲喂乳牛时应适量，过多时对生产乳制品（黄油与干酪等）的品质有不良影响；而且喂前宜先用2～3倍重的水浸泡，以避免其干饲后在消化道内大量吸水而引起膨胀。甜菜渣中含有大量的游离有机酸，常能引起动物腹泻。

五、胡萝卜

胡萝卜，俗名赛人参，是伞形科胡萝卜属植物，其营养丰富，尤其胡萝卜素含量较高，在我国各地均有一定规模的种植。

胡萝卜是畜禽补充维生素A的良好来源，每千克鲜胡萝卜中含有胡萝卜素80 mg。通常情况下，胡萝卜不为畜禽提供能量，而是用于各种畜禽的维生素A原的供给，尤其对种公畜和繁殖母畜有良好的作用。胡萝卜富含糖类、脂肪、钙、磷、铁、胡萝卜素、维生素A、维生素B_1、维生素B_2等营养物质。研究表明，饲喂胡萝卜能提高奶牛的产奶性能，对牛奶风味也有一定程度的改进，并且在奶山羊的日粮中添加新鲜胡萝卜能减少羊奶的膻味。在羔羊肥育期补充维生素 A 有助于育肥，因此胡萝卜是很好的饲料。胡萝卜的饲喂量：鸡一般每天喂 20～30 g，成年猪一般日喂量可达 15 kg。

六、南瓜

南瓜，俗名北瓜、倭瓜，是葫芦科南瓜属一年生蔓性草本植物，我国各地都有大量种植，其口感香糯甘甜。

南瓜中干物质含量较低，但干物质中约 2/3 为无氮浸出物，按干物质计算，南瓜的有效能值与薯类相近。另外，肉质越黄的南瓜，其中胡萝卜素的含量越高，切碎的南瓜适合喂各种家畜，煮熟的南瓜更适合喂猪。

第四章

蛋白质饲料

第四章　蛋白质饲料

第一节　蛋白质饲料概述

一、蛋白质饲料的概念和特点

蛋白质饲料是指干物质中粗纤维含量小于18%、粗蛋白质含量大于或等于20%的一类饲料。按照主要来源不同，蛋白质饲料可分为植物性蛋白饲料、动物性蛋白饲料和微生物性蛋白质饲料。蛋白质饲料具有蛋白含量高、无氮浸出物少和钙磷丰富等特点。

（一）蛋白含量高

除乳制品和骨肉粉蛋白含量为27.8%～30.1%外，其他都在50%以上，而且品质大多都特别好，富含各种必需氨基酸，特别是植物性饲料缺乏的赖氨酸、蛋氨酸和色氨酸都比较多。

（二）无氮浸出物少

这类饲料含无氮浸出物特别少（乳制品除外），粗纤维几乎等于零，有些脂肪含量高，加之蛋白含量又高，所以它们的能值高，其能值仅次于油脂。

（三）钙磷丰富

蛋白质饲料灰分含量高，钙磷丰富，且比例良好，利于动物的吸收利用。同时，动物性蛋白饲料还含有丰富的维生素，特别是维生素B_2和维生素B_{12}。

二、蛋白质饲料的应用意义

（一）提高动物生长性能和产品质量

蛋白质是动物生长和发育的基础，是构成动物体组织、酶、激素等生物活性物质的主要成分。通过添加蛋白质饲料，可以有效地提高饲料的蛋白质含量，满足动物对蛋白质的需求，从而促进动物的生长和发育，提高动物的生长速度和体重。

在肉类和乳制品生产中，蛋白质的补充尤为重要。它不仅能够增加肉制品的瘦肉率和乳制品的蛋白质含量，还能改善产品的质地和口感，提高产品的整体品质和市场竞争力。

（二）优化饲料配方，降低饲料成本

蛋白质饲料作为高能值、高蛋白的饲料原料，其添加可以显著提高饲料的营养价值，使饲料配方更加合理和优化。通过合理搭配不同种类的蛋白质饲料，可以满足动物不同生长阶段和生理状态下的营养需求，提高饲料的利用率。

同时，由于蛋白质饲料具有较高的能量和蛋白质含量，其添加可以减少其他低能值、低蛋白饲料的用量，从而降低饲料的整体成本，提高养殖效益。

（三）减少环境污染，保护生态环境

动物排泄物中的氮、磷等营养物质如果过量排放到环境中，会造成水体富营养化、土壤污染等环境问题。而蛋白质饲料中的氮、磷等营养物质能够被动物有效吸收和利用，减少排泄物中的营养物质含量，从而降低对环境的污染。

此外，通过合理搭配和使用蛋白质饲料，还可以提高动物的消化率和吸收率，减少粪便的排放量和有害物质的含量，进一步保护生态环境。

（四）推动畜牧业可持续发展

蛋白质饲料的广泛应用和合理搭配，不仅提高了动物的生产性能和产品质量，还降低了饲料成本和环境污染，为畜牧业的可

持续发展提供了有力支撑。

同时，随着科技的不断进步和饲料技术的不断创新，未来将有更多高效、环保的蛋白质饲料被开发和应用，为畜牧业的可持续发展注入新的活力。

第二节　植物性蛋白质饲料

植物性蛋白质饲料主要包括豆类籽实、饼粕类和糟渣类等。

一、豆类籽实

豆类籽实多为油料作物，一般较少直接用作饲料。其共同点是在植物性饲料中，蛋白质含量较高，占干物质的25%～40%；但品质略低动物性饲料，无氮浸出物含量一般稍低于禾本科籽实类。另外，豆科籽实含有多种蛋白质酶抑制物和脲酶等有害物质，故须经适当处理后才可饲喂。大豆经膨化后，所含的大部分抗胰蛋白酶和脲酶等被破坏，适口性及蛋白质消化率也得以明显改善。在肉用畜禽日粮中作为部分蛋白质的来源，使用效果颇佳。

（一）大豆

大豆，俗名黄豆、毛豆，是豆科大豆属植物。大豆植株高30～90 cm，茎粗壮，直立，密被褐色长硬毛，叶通常具3小叶，托叶具脉纹，被黄色柔毛，叶柄长2～20 cm。总花梗通常有5～8朵无柄、紧凑的花，花萼披针形，花紫色、淡紫色或白色。荚果肥大，稍弯，下垂，黄绿色，密被褐黄色长毛；种子2～5颗，椭圆形或近球形（图4-1）。

图 4-1 大豆

大豆含有丰富的蛋白质、脂肪、碳水化合物、钙、磷等营养成分,可以作为畜禽的干饲料或湿饲料摄入,也可以与其他饲料如玉米、豆饼等一起混合饲喂。饲喂时要注意,黄豆需要进行适当的热处理,如煮沸、发酵、蒸煮等,以减少其中的抗营养因子,增加可消化蛋白质和氮素的含量。

大豆的养分含量及氨基酸含量如表 4-1、表 4-2 所示。

表 4-1 大豆的养分含量

养分	含量
木质素 /%	6.41
酸性洗涤纤维 /%	12.10
中性洗涤纤维 /%	19.80
粗灰分 /%	5.04
粗纤维 /%	11.40
磷 /%	0.68
钙 /%	0.21
水分 /%	8.54
粗蛋白质 /%	41.40

（续）

养分	含量
粗脂肪 /%	15.22
总能 /（kJ/kg）	18 991.00

表 4-2　大豆的氨基酸含量

氨基酸	含量 /%
天冬氨酸	4.82
苏氨酸	1.61
丝氨酸	2.06
谷氨酸	7.77
甘氨酸	1.74
丙氨酸	2.07
胱氨酸	0.00
缬氨酸	1.99
蛋氨酸	0.31
异亮氨酸	1.93
亮氨酸	3.17
酪氨酸	1.50
苯丙氨酸	2.12
赖氨酸	2.80
组氨酸	1.08
精氨酸	3.12
脯氨酸	2.29

（二）眉豆

眉豆（图 4-2），俗名白豆，是豆科豇豆属一年生草本植物，球形或扁圆形，比大豆略大。

图 4-2 眉豆

在畜牧业中,眉豆常被用作饲料,特别是在家禽和反刍动物的饲养中。眉豆可以制成豆腐、粉皮、粉丝和豆粉等,这些产品不仅营养丰富,还能作为奶牛的饲料,提高奶牛的产奶量和健康状况。此外,眉豆还可以与其他饲料混合使用,提高饲料的整体营养价值。

眉豆的养分含量及氨基酸含量如表 4-3、表 4-4 所示。

表 4-3 眉豆的养分含量

养分	含量
木质素 /%	0.87
酸性洗涤纤维 /%	5.50
中性洗涤纤维 /%	16.20
粗灰分 /%	2.93
粗纤维 /%	6.30
磷 /%	0.34
钙 /%	0.09
水分 /%	8.16
粗蛋白质 /%	23.03

（续）

养分	含量
粗脂肪 /%	0.88
总能 /（kJ/kg）	17 576.00

表 4-4　眉豆的氨基酸含量

氨基酸	含量 /%
天冬氨酸	2.66
苏氨酸	0.88
丝氨酸	1.06
谷氨酸	3.98
甘氨酸	0.99
丙氨酸	0.99
胱氨酸	0.06
缬氨酸	1.10
蛋氨酸	0.14
异亮氨酸	1.01
亮氨酸	1.67
酪氨酸	0.54
苯丙氨酸	1.10
赖氨酸	1.66
组氨酸	0.56
精氨酸	1.71
脯氨酸	1.05

二、饼粕类

饼粕类饲料是含油多的植物籽实经提取油脂后的副产品。从油料籽实中提取油脂的方法一般有压榨法、浸提法和预压 - 浸提法等。用压榨法提取油脂后的副产品呈饼状，俗称油饼。用浸提法提取油脂后的副产品呈扁片状,俗称油粕。预压－浸提法是将机械压榨和溶剂浸提相结合的一种提取油脂的方法,其副产品也为扁片状的油粕。

(一) 胡麻饼粕

胡麻饼粕(图 4-3)是以胡麻籽为原料,提取油脂后的副产品。胡麻籽是我国西北、华北地区生产的,以油用型胡麻籽为主体,混杂有芸芥籽、黑芥、油菜籽的油料作物籽实的俗称。

图 4-3　胡麻饼粕

鸡饲料中应尽量少用或不用胡麻饼粕,其用量达 5% 时,即可造成鸡食欲下降,生长受阻,用量达 10% 即有死亡现象。胡麻饼粕经水浸、高压蒸汽处理可缓解其毒害。用作猪饲料时,其饲喂价值高于芝麻饼粕和花生仁饼粕,但因其氨基酸不平衡,需同其他优质蛋白质饲料配合使用,补充其缺乏的氨基酸后,可获得良好的饲养效果。其在肥育猪饲料中的用量为 8% 时,不会影响增重和饲料效率,但过多使用则会造成腹脂熔点下降,引起软脂现象,并导致 B 族维生素缺乏症。在母猪饲料中适当添加胡麻饼粕可预防便秘。胡麻饼粕是反刍动物良好的蛋白质来源，其适口性好，在牛羊饲料中均可使用。饲喂胡麻饼粕可提高肉牛肥育效果，提高奶牛产奶量，且可使反刍动物被毛光泽改善。胡麻饼粕在犊牛、羔羊、成年牛羊及种用牛羊的饲粮中均可使用，并可作为唯一蛋白质来源，配合其他蛋白质饲料使用可预防乳脂变软。

胡麻饼粕的养分含量及氨基酸含量如表 4-5、表 4-6 所示。

表 4-5 胡麻饼粕的养分含量

养分	含量
木质素 /%	6.59
酸性洗涤纤维 /%	14.50
中性洗涤纤维 /%	56.10
粗灰分 /%	5.74
粗纤维 /%	10.50
磷 /%	0.84
钙 /%	0.33
水分 /%	8.05
粗蛋白质 /%	38.25
粗脂肪 /%	10.55
总能 /（kJ/kg）	21 095.00

表 4-6 胡麻饼粕的氨基酸含量

氨基酸	含量 /%
天冬氨酸	3.57
苏氨酸	1.45
丝氨酸	1.73
谷氨酸	7.72
甘氨酸	2.25
丙氨酸	1.72
胱氨酸	0.17

（续）

氨基酸	含量 /%
缬氨酸	1.93
蛋氨酸	0.45
异亮氨酸	1.73
亮氨酸	2.35
酪氨酸	1.00
苯丙氨酸	1.71
赖氨酸	1.59
组氨酸	0.75
精氨酸	3.38
脯氨酸	1.59

（二）棉籽粕

棉籽粕（图 4-4）是棉花籽实提取棉籽油后的副产品。游离棉酚是棉籽粕主要的抗营养因子，对动物具有毒害作用，对动物生长和繁殖性能造成不良影响，严重者甚至造成动物死亡。

图 4-4　棉籽粕

不同畜禽对游离棉酚的耐受能力不同，猪的耐受能力最差，鸡次之，反刍家畜耐受力最高，因此使用未脱毒的棉籽饼粕时，不同畜禽饲粮可使用的限量不同，应充分考虑其游离棉酚含量，调整其在饲料配方中的使用比例。在使用棉籽粕时，应注意平衡饲粮氨基酸，即在畜禽饲粮中通过添加合成赖氨酸、苏氨酸、色氨酸或提高饲粮粗蛋白质水平，均可降低棉酚的毒性，改善饲喂效果，提高动物的生产性能。

棉籽粕的养分含量及氨基酸含量如表 4-7、表 4-8 所示。

表 4-7　棉籽粕的养分含量

养分	含量
木质素 /%	9.11
酸性洗涤纤维 /%	22.80
中性洗涤纤维 /%	30.10
粗灰分 /%	6.68
粗纤维 /%	20.20
磷 /%	1.01
钙 /%	0.28
水分 /%	11.69
粗蛋白质 /%	43.30
粗脂肪 /%	1.17
总能 /（kJ/kg）	19 243.00

表 4-8　棉籽粕的氨基酸含量

氨基酸	含量 /%
天冬氨酸	3.90
苏氨酸	1.32
丝氨酸	1.68
谷氨酸	8.55
甘氨酸	1.64

(续)

氨基酸	含量/%
丙氨酸	1.53
胱氨酸	0.22
缬氨酸	1.86
蛋氨酸	0.28
异亮氨酸	1.35
亮氨酸	2.36
酪氨酸	1.11
苯丙氨酸	2.15
赖氨酸	1.91
组氨酸	1.12
精氨酸	4.86
脯氨酸	1.58

(三) 豆粕

豆粕(图 4-5)是以黄豆为原料脱油后的副产品。

图 4-5 豆粕

在我国豆粕是一种常规的饲料原料。豆粕可用作畜禽的唯一蛋白质补充料，也可与少量动物性蛋白质补充料及其他饼粕等混合使用，以期充分利用各种蛋白质资源，降低饲料成本。

豆粕的养分含量及氨基酸含量如表4-9、表4-10所示。

表4-9 豆粕的养分含量

养分	含量
木质素 /%	1.39
酸性洗涤纤维 /%	7.60
中性洗涤纤维 /%	15.60
粗灰分 /%	7.57
粗纤维 /%	8.10
磷 /%	0.62
钙 /%	0.40
水分 /%	13.48
粗蛋白质 /%	49.03
粗脂肪 /%	0.86
总能 /（kJ/kg）	19 495.00

表4-10 豆粕的氨基酸含量

氨基酸	含量 /%
天冬氨酸	5.54
苏氨酸	1.93
丝氨酸	2.39
谷氨酸	9.06
甘氨酸	2.00
丙氨酸	2.06
胱氨酸	0.21
缬氨酸	2.35
蛋氨酸	0.39

（续）

氨基酸	含量 /%
异亮氨酸	2.27
亮氨酸	3.78
酪氨酸	1.65
苯丙氨酸	2.35
赖氨酸	2.93
组氨酸	1.15
精氨酸	3.21
脯氨酸	2.69

三、糟渣类

糟渣类饲料多为籽实类加工或酿造后剩余残渣。干物质中粗蛋白质含量在 20% 以上。常见的有酒糟、醋糟和酱糟以及粉渣、豆腐渣等。由于发酵或提取，其中可溶性碳水化合物明显减少，使糟类蛋白质含量相对增高；渣类的原料多为豆类，其蛋白质含量较原料籽实低，但粗纤维增加，适口性变差。由于加工或酿造中有时加入其他原料，如糠、食盐等，使用时必须注意。有些只能当作粗饲料。

第三节　动物性蛋白质饲料

动物性蛋白质饲料是一类蛋白质含量高、氨基酸组成全面、营养价值较高的饲料，主要指水产、畜禽、缫丝及乳品业等的加工副产品，包括鱼粉、肉骨粉、羽毛粉等。动物性蛋白质饲料干物质中粗蛋白质含量可达 50%～80%。蛋白质所含必需氨基酸齐全，比例接近畜禽的需要，是为各类畜禽配制平衡日粮的优质蛋白质补充饲料。除乳外，其他类饲料含碳水化合物极少，且一般不含纤维素，消化率高。含能量略低于能量饲料。钙、磷含量较高，比例适当，利用率也高，如秘鲁鱼粉含钙达 4% 以上，磷 3% 左右。还含有丰富的硒等微量元素及一定量食盐。富含 B 族维生素，其中核黄素、维生素 B_{12} 为最多。其品质一般优于植物性蛋白质饲料。

一、鱼粉

鱼粉是以全鱼或鱼的下脚料为原料，经过蒸煮、压榨、干燥、粉碎加工后的粉状物，这种粉状物称为普通鱼粉。若把制造鱼粉时产生的煮汁浓缩加工做成鱼汁再加到普通鱼粉中，经干燥粉碎即可得到全鱼粉。以鱼的下脚料制得的鱼粉称为粗鱼粉。

鱼粉是一种优质的蛋白质饲料。其蛋白质含量为 40%～70%，一般进口鱼粉质量较好，蛋白质含量可达 60% 以上（如秘鲁鱼粉、白鱼鱼粉）；脱脂全鱼粉中粗蛋白质的含量在 60% 以上。鱼粉蛋白质品质良好，氨基酸含量高、比例平衡，进口鱼粉赖氨酸含量为 5% 以上，高于国产鱼粉。鱼粉中粗灰分含量在 10% 以上，钙、磷含量高，比例适宜，且均为可利用的磷。鱼粉微量元素中碘、硒含量高，富含维生素 B_{12}、维生素 A、维生素 D、维生素 E 和未知生长因子。鱼粉的食盐含量较高，一般为 3%～5%，高的可达 7% 以上，含盐量较高的鱼粉在配合饲粮中的用量应加以控制。在鱼粉的微量元素中，铁含量最高，其次是锌和硒，而其他微量元素含量偏低，但海产鱼中碘含量较高。鱼粉中的脂类含量一般为 6%～12%，海产鱼中高度不饱和脂肪酸的含量较高，这些高度不饱和脂肪酸具有特殊的营养功能。

总之，鱼粉的蛋白质含量高，其消化率在 90% 以上，氨基酸组成平衡，利用率高，新鲜鱼粉的适口性良好，可促进畜禽的生长、改善饲料的利用率,是一种饲用价值较高的动物性蛋白质饲料。

二、血粉

血粉是以畜禽的鲜血为原料,经脱水加工而成的粉状动物性蛋白质饲料。

血粉的蛋白质含量相当高,通常其粗蛋白质含量可达80%以上,优质血粉的赖氨酸含量为6%～7%,其含量比国产鱼粉赖氨酸含量高出1倍,含硫氨基酸含量为1.7%左右,与鱼粉相当,色氨酸含量为1.11%,比鱼粉高1～2倍,组氨酸含量也较高,但氨基酸组成不平衡,亮氨酸含量是异亮氨酸的10倍以上,赖氨酸利用率低,血纤维蛋白不易消化,因此血粉常需要与植物性饲料混合使用。

血粉中钙磷含量较低,但磷的利用率高,微量元素铁的含量较高,可达2 800 mg/kg,其他微量元素含量与谷物类饲料相近。

血粉味苦,适口性差,配合饲料中的用量不可过多,一般鸡饲粮中以2%为宜,猪饲粮中不得超过5%。

三、肉骨粉

肉骨粉是使用动物屠宰后不易食用的下脚料,以及以食品加工厂的残余碎肉、内脏、杂骨等为原料,经高温消毒、干燥、粉碎而成的粉状饲料。

原料的种类不同、加工方法不同、脱脂程度不同、储藏期不同,肉骨粉的营养价值不同。肉骨粉的粗蛋白质含量为20%～50%,粗脂肪含量为8%～18%,粗灰分含量为26%～40%,赖氨酸含量为1%～3%,含硫氨基酸含量为3%～6%,色氨酸含量较低,不足0.5%;一般肉骨粉的含磷量在4.4%以上,磷的利用率高,同时血粉含钙量为9.20%。

总之，肉骨粉的氨基酸组成不平衡，氨基酸的消化率低，饲喂价值不稳定，加之肉骨粉极易被沙门菌感染，因此其用量也应加以控制。一般鸡的饲粮中肉骨粉的用量以 6% 以下为宜，猪饲粮中肉骨粉的用量以 5% 以下为宜，幼龄畜禽饲粮中不宜使用肉骨粉。

四、羽毛粉

羽毛粉是将家禽的羽毛净化消毒，再经蒸煮、酶解、粉碎或膨化制成的粉状动物性蛋白质饲料。

羽毛粉中，粗蛋白质含量为 80%~85%，含硫氨基酸含量居所有天然饲料之首，可达 3.5% 以上，缬氨酸、亮氨酸、异亮氨酸的含量均居各种蛋白质饲料的前列，加工得当的羽毛粉是调配配合饲料中这些氨基酸的良好原料。但羽毛粉中赖氨酸、蛋氨酸、色氨酸的含量较低，氨基酸的利用率不高，且变化范围较大。羽毛粉中的粗脂肪含量为 2.2%，粗纤维含量为 0.7%，粗灰分含量为 5.8%，钙含量为 0.20%，磷含量为 0.68%。

五、蚕蛹粉、蚕蛹饼

蚕蛹是蚕茧制丝后的残留物。蚕蛹经干燥、粉碎后可制得蚕蛹粉。蚕蛹脱脂后的剩余物为蚕蛹饼。

蚕蛹粉中粗脂肪含量较高，为 20%~30%，因此蚕蛹粉的有效能值较高，粗蛋白质含量为 55%~60%。蚕蛹饼中赖氨酸、蛋氨酸、胱氨酸、色氨酸含量较高，分别为 3%、1.5%、2.5%、1.2%。另外，蚕蛹粉的微量元素中锌的含量较高，约为 160 mg/kg。蚕蛹粉由于含有较高的脂肪，且脂肪中多为不饱和脂肪酸，因此不易保存，应就地销售。蚕蛹饼由于脱去脂肪，粗脂肪含量明显下降，约为 3.1%，其余各项指标均比蚕蛹粉有所提高。蚕蛹饼比蚕蛹粉更易保存，但有效能值下降。

六、其他动物性蛋白质饲料

动物性蛋白质饲料还包括乳产品、虾蟹糠、昆虫粉和蚯蚓粉等。

(一) 乳产品

乳产品如牛奶、羊奶及其加工制品(如酸凝乳、脱脂乳、奶粉等)是优质的蛋白质饲料,尤其适合用于貂等动物的饲养。乳产品不仅含有全部的必需氨基酸,而且氨基酸比例与貂的需要相似,易于消化吸收。此外,乳产品还能提高其他饲料的消化率和适口性,促进母兽的泌乳和仔兽的生长发育。但需要注意的是,乳品类饲料在日粮中的比例不应过高,一般不超过总量的 30%,以防过量引起下痢。

(二) 虾蟹糠

虾蟹糠是虾蟹加工过程中产生的废弃物,经过加工处理后可成为优质的蛋白质饲料。它富含蛋白质、胆碱、磷脂、胆固醇以及钙、磷、铁等矿物质,对动物的脂肪代谢和免疫力有显著改善作用。虾蟹糠中的虾青素还能增强动物的抗氧化能力。其气味新鲜,有浓郁的海鲜香气,适用于水产养殖、家禽养殖等领域。

(三) 昆虫粉

昆虫粉又称昆虫蛋白或昆虫基饲料,是利用昆虫作为动物饲料中蛋白质和营养物质的来源。昆虫粉富含蛋白质、必需氨基酸、维生素和矿物质,且具有良好的脂肪酸比例,是一种高度可持续的蛋白质选择。随着全球对可持续蛋白质来源需求的增加,昆虫粉作为豆粕和鱼粉等传统饲料原料的替代品,其市场潜力日益凸显。昆虫粉已广泛应用于水产养殖、家禽和宠物食品等领域。

（四）蚯蚓粉

蚯蚓粉是由蚯蚓干燥后粉碎制成的蛋白质饲料。它富含蛋白质、氨基酸、激素和生长诱导素，是畜禽养殖业中常用的饲料添加剂。蚯蚓粉不仅可以提高畜禽的生产性能和产品品质，还能增强畜禽的免疫能力，治疗多种畜禽疾病。其蛋白质含量丰富，平均可达54.6%，最高可达71.0%，与进口鱼粉相当，高于国产鱼粉。

第四节 微生物性蛋白质饲料

微生物性蛋白质饲料主要包括微生物和单细胞藻类，如各种酵母、蓝藻、小球藻等。目前可用作饲料酵母和石油酵母。可替代鱼粉。

一、饲料酵母

常用啤酒酵母制作饲料酵母。这类饲料含有丰富的蛋白质（50%～55%），包括各种必需氨基酸以及维生素，蛋白质含量与品质都高于植物蛋白质饲料。因此，适当利用酵母饲料（1%～5%）可以补充畜禽日粮中蛋白质和维生素等的不足，并使不含鱼粉的饲粮品质得以提高。使用时要十分注意酵母蛋白的含量，谨防假酵母饲料和劣质品。

二、石油酵母

石油酵母含蛋白质63%，蛋白质的消化率达95%左右，利用率为 50%~59%，此外，还含有丰富的 B 族维生素，但含维生素 B_{12} 极少。酵母味苦，适口性差，牛不喜食，但羊、猪和禽尚能适应。在饲粮中用量不宜超过 10%。目前应用较广泛的有尿素、硫酸铵、碳酸氢铵、氯化铵和氨水等，主要用于反刍家畜的日粮以及秸秆的加工调制。

第五章

粗饲料

第一节 粗饲料概述

一、粗饲料的概念

粗饲料是指以干物质计,天然水分含量在60%以下,粗纤维含量等于或高于18%的一类饲料。这类饲料广泛来源于农业生产中的副产品或自然生长的植物,如秸秆、秕壳、干草以及老熟的树叶等,它们不仅是反刍动物如牛、羊等的主要食物来源,也在一定程度上被用于其他类型家畜的饲养中。

二、粗饲料的营养特点

(一)粗蛋白质含量低

粗饲料的粗蛋白质含量相对较低,大多数仅在3%~4%,远低于动物生长和维持生命活动所需的理想水平。然而,干草作为粗饲料的一种,其粗蛋白质含量可能会稍高一些,这取决于干草的种类和收割时期。

(二)维生素含量匮乏

除少数如干草可能含有一定量的维生素外,大多数粗饲料中的维生素含量极少,特别是胡萝卜素等脂溶性维生素。例如,每千克秸秆中的胡萝卜素含量可能仅2~5 mg,远不能满足动物的需求,因此在实际饲养中往往需要额外补充维生素。

(三)高粗纤维含量

粗饲料之所以得名,正是因为其粗纤维含量极高,通常为30%~50%。粗纤维对于反刍动物来说至关重要,它能够促进胃肠蠕动，帮助消化，但对于非反刍动物而言，过高的粗纤维可能难以消化，限制了其在饲料中的使用比例。

（四）无氮浸出物丰富

无氮浸出物是饲料中可被动物直接利用的能量来源之一，粗饲料中这一成分的含量相对较高，一般为20%～40%。这些无氮浸出物包括淀粉、糖类等，对于动物的能量供应具有重要意义。

（五）灰分成分特殊

粗饲料中的灰分含量较高，且成分特殊，通常钙含量多于磷，同时硅酸盐含量也较高。硅酸盐的存在可能会影响其他养分（如钙、磷）的消化利用率，因此在配制饲料时需要考虑这一因素，合理搭配其他饲料成分以平衡营养。

（六）总能高但有效能低

尽管粗饲料中的总能（即饲料中所有可利用能量的总和）较高，但由于其粗纤维含量高、消化率低，有效能（如消化能、代谢能）相对较低。这意味着动物从粗饲料中获取的实际能量有限，需要与其他高能饲料结合使用，以满足动物的能量需求。

三、影响粗饲料饲用品质的因素

（一）植物种类

不同植物种类的粗饲料，其化学组成会有较大的差异，最为常见的是豆科与禾本科植物的差异。与禾本科植物比较，豆科植物中粗蛋白质含量较高，而纤维素、半纤维素等纤维性物质含量较低。因此，豆科粗饲料的饲用品质通常优于禾本科植物。

（二）收获期

植物收获时的成熟程度是影响粗饲料饲用品质的重要因素之一。无论禾本科植物还是豆科植物，随着其逐步成熟，纤维化程度提高，营养价值随之下降，如冷季牧草在春天开始生长2~3周后，干物质的消化率即可达80%以上，其后消化率每天以0.3~0.5个百分点的速度下降。随着植物的生长进程，植株中粗蛋白质和可溶性糖类化合物含量逐渐下降，纤维素、半纤维素和木质素含量逐渐增加，适口性逐渐降低，导致动物对粗饲料的采食量也显著下降。粗饲料的消化率与酸性洗涤纤维、木质素含量呈高度负相关。

（三）植株部位

粗饲料的不同部位，营养成分有较大差别。相对于茎秆、皮和壳，叶片中粗蛋白质含量较高，消化率亦如此。

（四）茎叶比例

植物叶片比茎秆含有更多的蛋白质和有效能，而纤维含量则较低，因此叶片的营养价值优于茎秆。随着植物成熟，叶茎比例下降，粗饲料的饲用品质相应降低。在晒制干草的过程中，由于叶片的脱落，会使粗饲料的饲用品质明显下降。秸秆的叶片如果在运输和储藏过程中大量脱落，则造成秸秆中营养物质含量最丰富、消化率最高部分的损失，降低饲用价值。

（五）其他因素

在田间晒制干草时，植物呼吸作用及叶片脱落、雨淋等均可降低干草的营养价值。在调制干草时，若遭雨淋、大量叶片脱落，所造成的干物质、粗蛋白质、粗灰分、可消化干物质的损失可占总损失的 60% 以上。在田间晒制干草时，雨淋对禾本科植物品质的影响比豆科植物的小。植物越干燥，雨露淋溶的损害越大，尤其在堆垛前的干草，若遭雨淋则营养物质损失更重。

在储存过程中，干草质量会因风化和微生物活动而降低。为安全储存干草，其水分含量应控制在适宜范围内，若水分含量太高，干草将因热效应及酸败而导致干物质和能量的损失。

第二节　秸秆类饲料

秸秆是指作物籽实收获后的茎秆和残存的叶片等。作物光合作用的产物有一半以上存在于秸秆中，因此，秸秆中蕴藏着巨大的养分资源，是一种数量巨大的可再生资源。我国共有秸秆 30 余种，主要包括豆科秸秆和禾本科秸秆。

一、大豆秸秆

大豆秸秆（图 5-1）是指大豆收割后剩余的茎、叶、花、果

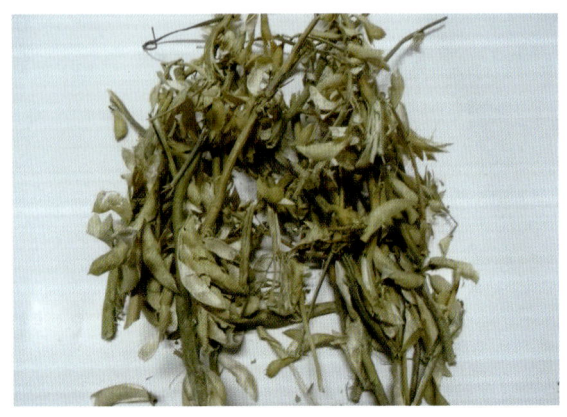

图 5-1　大豆秸秆

壳等绿色植物部分。它主要由纤维素、半纤维素和木质素等组成，硬度较大，不易分解。大豆秸秆在农业生产中具有多种潜在用途，但由于其硬度大、降解速度慢等特点，处理不当可能引发环境问题。因此，合理加工利用大豆秸秆，如通过粉碎、发酵、堆肥等处理方法，可以提高其利用价值，实现资源的循环利用，并促进农业的可持续发展。

大豆秸秆的养分含量及氨基酸含量如表 5-1、表 5-2 所示。

表 5-1 大豆秸秆的养分含量

养分	含量
木质素 /%	11.96
酸性洗涤纤维 /%	47.20
中性洗涤纤维 /%	58.50
粗灰分 /%	7.64
粗纤维 /%	46.00
磷 /%	0.12
钙 /%	0.87
水分 /%	10.42
粗蛋白质 /%	7.29
粗脂肪 /%	1.66
总能 /（kJ/kg）	17 162.00

表 5-2 大豆秸秆的氨基酸含量

氨基酸	含量 /%
天冬氨酸	0.81
苏氨酸	0.23
丝氨酸	0.28
谷氨酸	0.76
甘氨酸	0.29
丙氨酸	0.37

（续）

氨基酸	含量/%
胱氨酸	0.00
缬氨酸	0.33
蛋氨酸	0.00
异亮氨酸	0.24
亮氨酸	0.45
酪氨酸	0.24
苯丙氨酸	0.25
赖氨酸	0.36
组氨酸	0.13
精氨酸	0.57
脯氨酸	0.67

二、燕麦秸秆

燕麦秸秆（图5-2）是指从燕麦作物中割下的茎和叶子残余部分。燕麦作为一种重要的粮食作物，其秸秆在农业生产中具有

图5-2　燕麦秸秆

多种用途。燕麦秸秆富含营养,如蛋白质、纤维素等,是牲畜的好饲草,尤其对提高奶牛和奶羊的乳量和乳质作用明显。在饲用方面,燕麦秸秆可以直接喂给牲畜,也可以经过青贮、氨化等处理后提高其适口性和营养价值。

燕麦秸秆的养分含量及氨基酸含量如表 5-3、表 5-4 所示。

表 5-3 燕麦秸秆的养分含量

养分	含量
木质素 /%	6.76
酸性洗涤纤维 /%	39.50
中性洗涤纤维 /%	66.40
粗灰分 /%	8.62
粗纤维 /%	37.50
磷 /%	0.07
钙 /%	0.45
水分 /%	19.15
粗蛋白质 /%	8.27
粗脂肪 /%	0.64
总能 /(kJ/kg)	17 779.00

表 5-4 燕麦秸秆的氨基酸含量

氨基酸	含量 /%
天冬氨酸	0.78
苏氨酸	0.24
丝氨酸	0.25
谷氨酸	1.01
甘氨酸	0.30
丙氨酸	0.46
胱氨酸	0.00

（续）

氨基酸	含量 /%
缬氨酸	0.33
蛋氨酸	0.06
异亮氨酸	0.18
亮氨酸	0.39
酪氨酸	0.16
苯丙氨酸	0.24
赖氨酸	0.25
组氨酸	0.16
精氨酸	0.43
脯氨酸	0.83

三、玉米秸秆

玉米秸秆（图 5-3）主要包括茎秆、叶片、穗芯、苞叶等。玉米秸的营养成分含量与品种有关。高油玉米秸秆的粗蛋白质和粗脂肪含量高于普通玉米秸秆，且在籽粒成熟时，高油玉米秸秆

图 5-3　玉米秸秆

的茎、叶仍保持鲜绿多汁，可青饲或青贮，是草食动物的优质饲料。与普通玉米秸秆相比，糯玉米秸秆的非结构性糖类化合物含量较高，糖类化合物在瘤胃内降解更快。糯玉米秸秆中粗蛋白质含量显著高于普通玉米秸秆，且蛋白质的品质较好，因此糯玉米秸秆的营养价值高于普通玉米秸。

玉米秸秆各部位的营养组成和消化率差异很大。茎秆中粗蛋白质含量较低，粗纤维和粗灰分含量最高，因而消化率最低；叶片中粗灰分和粗纤维含量较低，消化率较高，因而叶片的营养价值高于茎秆。因此，含叶片较多的玉米秸秆营养价值较高，而含茎秆和玉米芯较多的玉米秸秆则营养价值较低。另外，生长期短的夏播玉米秸秆较生长期长的春播玉米秸秆粗纤维含量低，易消化。同一株玉米，上部幼嫩、叶片丰富、纤维化程度低，因而营养价值较下部高。

玉米秸秆的营养价值也受收获期的影响。从乳熟期到完熟期，秸秆不断老化，表现为干物质和难以消化的粗纤维成分增加，而蛋白质含量减少，其他如淀粉、维生素等可消化养分含量不断减少，尤其是收穗后的秸秆，适口性和消化率更低。

玉米秸秆的最高饲用价值是在秸秆产量与营养物质的乘积达到最高值之时。玉米籽粒在乳熟至蜡熟期，玉米秸秆的含水量为60%~70%，为制作青贮的最佳水分含量，并且此时干物质产量亦较高，可作为饲用玉米秸秆的最佳刈割时间。

玉米秸秆的养分含量及氨基酸含量如表5-5、表5-6所示。

表5-5 玉米秸秆的养分含量

养分	含量
木质素/%	4.55
酸性洗涤纤维/%	41.10
中性洗涤纤维/%	74.00
粗灰分/%	8.05

（续）

养分	含量
粗纤维 /%	37.70
磷 /%	0.10
钙 /%	0.58
水分 /%	16.18
粗蛋白质 /%	6.56
粗脂肪 /%	1.25
总能 /（kJ/kg）	17 250.00

表 5-6　玉米秸秆的氨基酸含量

氨基酸	含量 /%
天冬氨酸	0.49
苏氨酸	0.25
丝氨酸	0.28
谷氨酸	0.76
甘氨酸	0.40
丙氨酸	0.56
胱氨酸	0.00
缬氨酸	0.47
蛋氨酸	0.08
异亮氨酸	0.32
亮氨酸	0.46
酪氨酸	0.22
苯丙氨酸	0.24
赖氨酸	0.25
组氨酸	0.11
精氨酸	0.36
脯氨酸	0.40

四、稷秸秆

稷秸秆（图 5-4）是指稷（又称黍、糜子）收割后剩余的茎秆部分。稷是一种一年生禾谷类作物，其生育期短、耐旱、耐瘠薄，主要分布于中国西北、华北、西南、东北、华南以及华东等地山区。稷秸秆富含纤维素、维生素和微量元素等营养成分，对畜禽的发育和生长有一定帮助，是牛羊冬春的优质饲草。

图 5-4　稷秸秆

稷秸秆的饲用方法与其他秸秆类似，通常需要先进行干燥处理，然后切碎或揉搓以提高适口性和消化率。此外，还可以考虑进行青贮、氨化等处理，以进一步增加其营养价值。稷秸秆的饲用不仅有助于降低养殖成本，还能实现农业废弃物的资源化利用，具有环保和经济双重效益。

稷秸秆的养分含量及氨基酸含量如表 5-7、表 5-8 所示。

表 5-7 稷秸秆的养分含量

养分	含量
木质素 /%	8.25
酸性洗涤纤维 /%	44.60
中性洗涤纤维 /%	73.70
粗灰分 /%	15.25
粗纤维 /%	33.50
磷 /%	0.08
钙 /%	1.10
水分 /%	30.68
粗蛋白质 /%	7.02
粗脂肪 /%	1.37
总能 /（kJ/kg）	16 680.00

表 5-8 稷秸秆的氨基酸含量

氨基酸	含量 /%
天冬氨酸	0.59
苏氨酸	0.29
丝氨酸	0.29
谷氨酸	0.82
甘氨酸	0.37
丙氨酸	0.50
胱氨酸	0.00
缬氨酸	0.37
蛋氨酸	0.10
异亮氨酸	0.30
亮氨酸	0.52
酪氨酸	0.23
苯丙氨酸	0.30

（续）

氨基酸	含量 /%
赖氨酸	0.33
组氨酸	0.16
精氨酸	0.60
脯氨酸	0.91

五、苦荞麦秸秆

苦荞麦秸秆（图 5-5）是苦荞麦植物的茎、叶和花序等部分，是苦荞麦栽培收割后剩余的废弃物。苦荞麦秸秆通常呈直立状，具有一定的粗细和长度，颜色多为黄绿色或棕褐色，表面较为粗糙，质地坚韧，有节。

图 5-5　苦荞麦秸秆

苦荞麦秸秆可以作为母猪的饲料，但需要经过切碎、磨碎、压块等处理后才能使用。它可以代替部分精饲料，以降低饲料成本和提高饲料利用率。同时，喂养苦荞麦秸秆还可以改善母猪的食欲、促进肠道蠕动、减轻消化不良等问题。虽然苦荞麦秸秆具有一定的营养价值,但过量喂养会导致母猪摄入的粗纤维过多,容易影响对其他营养物质的吸收和利用,甚至引起消化不良等问题。因此,在喂养时需要控制喂养量,并注意与其他饲料的配合比例。

苦荞麦秸秆的养分含量及氨基酸含量如表 5-9、表 5-10 所示。

表 5-9 苦荞麦秸秆的养分含量

养分	含量
木质素 /%	3.96
酸性洗涤纤维 /%	35.40
中性洗涤纤维 /%	42.30
粗灰分 /%	12.92
粗纤维 /%	29.20
磷 /%	0.20
钙 /%	1.19
水分 /%	15.66
粗蛋白质 /%	10.33
粗脂肪 /%	1.19
总能 /(kJ/kg)	15 433.00

表 5-10 苦荞麦秸秆的氨基酸含量

氨基酸	含量 /%
天冬氨酸	0.69
苏氨酸	0.33
丝氨酸	0.35
谷氨酸	1.13
甘氨酸	0.49
丙氨酸	0.52
胱氨酸	0.00
缬氨酸	0.47

（续）

氨基酸	含量 /%
蛋氨酸	0.07
异亮氨酸	0.44
亮氨酸	0.76
酪氨酸	0.37
苯丙氨酸	0.40
赖氨酸	0.50
组氨酸	0.21
精氨酸	0.68
脯氨酸	0.52

六、荞麦秸秆

荞麦秸秆（图5-6）是指荞麦的茎秆部分。荞麦是蓼科荞麦属的一年生双子叶植物。荞麦的茎秆直立，具纵棱，长短不一，多分枝，颜色可能因品种和生长环境而异，常见的有绿色、红绿

图5-6 荞麦秸秆

色、红色和紫红色等。荞麦适应性强，可以在许多不同环境中生长，生长周期短，春夏秋季均可种植。

荞麦秸秆中含有丰富的糖分和纤维素等营养元素，可以用来作为畜牧业的饲料，增加动物的能量和蛋白质摄取。但使用时应注意适量，过量使用可能会对动物的健康造成不良影响。

荞麦秸秆的养分含量及氨基酸含量如表5-11、表5-12所示。

表5-11 荞麦秸秆的养分含量

养分	含量
木质素 /%	7.34
酸性洗涤纤维 /%	39.10
中性洗涤纤维 /%	51.50
粗灰分 /%	12.39
粗纤维 /%	34.60
磷 /%	0.19
钙 /%	2.47
水分 /%	32.35
粗蛋白质 /%	7.18
粗脂肪 /%	0.96
总能 /（kJ/kg）	15 326.00

表5-12 荞麦秸秆的氨基酸含量

氨基酸	含量 /%
天冬氨酸	0.47
苏氨酸	0.24
丝氨酸	0.25
谷氨酸	0.63
甘氨酸	0.40

（续）

氨基酸	含量/%
丙氨酸	0.40
胱氨酸	0.00
缬氨酸	0.33
蛋氨酸	0.08
异亮氨酸	0.36
亮氨酸	0.53
酪氨酸	0.41
苯丙氨酸	0.27
赖氨酸	0.39
组氨酸	0.17
精氨酸	0.54
脯氨酸	0.50

七、高粱秸秆

高粱秸秆（图 5-7）是指高粱收获后留下的茎秆部分。高粱

图 5-7　高粱秸秆

是禾本科高粱属一种重要的粮食作物，其茎秆高大、粗壮，且富含纤维和多种营养成分。高粱秸秆含有丰富的纤维素和粗蛋白质，可以作为饲料来喂养牲畜，对牲畜的生长和发育有益。

高粱秸秆作为饲料，可以直接饲喂给牲畜，如牛、羊等，因其富含纤维和粗蛋白质，有助于牲畜的消化和营养摄取。为了提高其适口性和营养价值，也可以将高粱秸秆进行切碎、青贮或氨化处理，这些方法能有效改善秸秆的消化率，增加其饲用价值，从而更充分地利用这一农业资源。

高粱秸秆的养分含量及氨基酸含量如表 5-13、表 5-14 所示。

表 5-13　高粱秸秆的养分含量

养分	含量
木质素 /%	3.51
酸性洗涤纤维 /%	32.80
中性洗涤纤维 /%	64.60
粗灰分 /%	6.17
粗纤维 /%	29.20
磷 /%	0.20
钙 /%	0.26
水分 /%	63.22
粗蛋白质 /%	10.56
粗脂肪 /%	1.58
总能 /（kJ/kg）	17 841.00

表 5-14　高粱秸秆的氨基酸含量

氨基酸	含量 /%
天冬氨酸	0.99
苏氨酸	0.40

（续）

氨基酸	含量/%
丝氨酸	0.44
谷氨酸	1.22
甘氨酸	0.59
丙氨酸	0.81
胱氨酸	0.00
缬氨酸	0.70
蛋氨酸	0.07
异亮氨酸	0.50
亮氨酸	0.81
酪氨酸	0.39
苯丙氨酸	0.40
赖氨酸	0.48
组氨酸	0.13
精氨酸	0.72
脯氨酸	0.57

八、谷子秸秆

谷子秸秆（图5-8）也称谷草，是指谷子脱粒后的带叶茎秆。谷子主要在我国北方种植。谷草质地比较柔软，可消化率也较高，而且能量含量高于麦秸、稻草，其特点和效果与优质玉米秸很相似。

谷子秸秆作为饲料使用时，需要先确保其充分干燥以降低水分含量，避免发霉和影响动物消化。随后，将干燥的谷子秸秆切碎至适中长度，便于动物咀嚼与消化。为保证动物获得全面营养，应将切碎的谷子秸秆与其他高营养饲料混合使用，如添加小麦麸、玉米或豆粕等。同时，也可考虑对谷子秸秆进行青贮或氨

图 5-8　谷子秸秆

化处理，以提升其营养价值和口感。在饲喂时，还需要注意控制饲喂量，防止过量摄入对动物消化系统造成负担。通过这些处理措施，谷子秸秆能够成为动物饲料的有效来源。

谷子秸秆的养分含量及氨基酸含量如表 5-15、表 5-16 所示。

表 5-15　谷子秸秆的养分含量

养分	含量
木质素 /%	5.28
酸性洗涤纤维 /%	39.10
中性洗涤纤维 /%	74.30
粗灰分 /%	8.67
粗纤维 /%	39.10
磷 /%	0.04
钙 /%	0.61
水分 /%	32.86
粗蛋白质 /%	4.36
粗脂肪 /%	1.25
总能 /（kJ/kg）	16 956.00

表 5-16　谷子秸秆的氨基酸含量

氨基酸	含量 /%
天冬氨酸	0.27
苏氨酸	0.11
丝氨酸	0.12
谷氨酸	0.32
甘氨酸	0.15
丙氨酸	0.29
胱氨酸	0.00
缬氨酸	0.16
蛋氨酸	0.00
异亮氨酸	0.17
亮氨酸	0.28
酪氨酸	0.12
苯丙氨酸	0.13
赖氨酸	0.13
组氨酸	0.09
精氨酸	0.55
脯氨酸	0.61

九、麦草

麦草（图 5-9）是指小麦收割后剩余的茎秆部分，也常被称为麦秆或麦茎。它是小麦生长过程中形成的主要副产品之一，与麦粒一同构成小麦植株的整体。麦草富含纤维素、半纤维素、木质素以及少量的蛋白质、矿物质和维生素等营养成分，具有一定的饲用价值和经济价值。

麦草的饲用方法灵活多样，既可以直接饲喂给牛羊等牲畜，也需要经过干燥、切碎或揉搓等预处理以提高适口性和消化率。此外，麦草还可通过青贮或干草调制的方式保存，以备冬春季节

图 5-9　麦草

使用。为提升饲料的营养价值，麦草常与其他精饲料混合饲喂。在饲用过程中，须严格控制饲喂量，并定期检查麦草质量，确保牲畜健康与安全，同时提高麦草的利用率，降低养殖成本。

麦草的养分含量及氨基酸含量如表 5-17、表 5-18 所示。

表 5-17　麦草的养分含量

养分	含量
木质素 /%	8.35
酸性洗涤纤维 /%	47.30
中性洗涤纤维 /%	71.80
粗灰分 /%	6.50
粗纤维 /%	44.00
磷 /%	0.05
钙 /%	0.48
水分 /%	11.11
粗蛋白质 /%	4.48
粗脂肪 /%	1.20
总能 /（kJ/kg）	17 655.00

表 5-18　麦草的氨基酸含量

氨基酸	含量 /%
天冬氨酸	0.27
苏氨酸	0.12
丝氨酸	0.14
谷氨酸	0.42
甘氨酸	0.22
丙氨酸	0.32
胱氨酸	0.00
缬氨酸	0.28
蛋氨酸	0.00
异亮氨酸	0.17
亮氨酸	0.25
酪氨酸	0.11
苯丙氨酸	0.15
赖氨酸	0.15
组氨酸	0.05
精氨酸	0.26
脯氨酸	0.53

十、稻草秸秆

稻草秸秆（图 5-10）是指水稻成熟收割后，留下的茎秆和叶片部分，通常也包括稻穗脱粒后的残余物。这些秸秆是水稻生产中的主要副产品，含有丰富的纤维素、半纤维素、木质素以及一定量的矿物质和营养成分，是农业上重要的可再生资源。稻草秸秆可以用作饲料、肥料、生物质能源、食用菌培养基等多种用途，对于促进农业可持续发展和环境保护具有重要意义。

图 5-10 稻草秸秆

稻草秸秆的养分含量及氨基酸含量如表 5-19、表 5-20 所示。

表 5-19 稻草秸秆的养分含量

养分	含量
木质素 /%	4.63
酸性洗涤纤维 /%	50.40
中性洗涤纤维 /%	69.80
粗灰分 /%	16.49
粗纤维 /%	35.40
磷 /%	0.09
钙 /%	0.44
水分 /%	10.98
粗蛋白质 /%	3.87
粗脂肪 /%	0.54
总能 /（kJ/kg）	14 879.00

表 5-20 稻草秸秆的氨基酸含量

氨基酸	含量 /%
天冬氨酸	0.29
苏氨酸	0.12

（续）

氨基酸	含量/%
丝氨酸	0.12
谷氨酸	0.34
甘氨酸	0.17
丙氨酸	0.29
胱氨酸	0.00
缬氨酸	0.19
蛋氨酸	0.00
异亮氨酸	0.14
亮氨酸	0.33
酪氨酸	0.11
苯丙氨酸	0.14
赖氨酸	0.13
组氨酸	0.06
精氨酸	0.25
脯氨酸	0.46

十一、马铃薯秸秆

马铃薯秸秆（图5-11）是指马铃薯植株在开采后，残留在地面上或埋在土壤中的废弃物。它主要由茎、叶、花和果实等组成，是一种常见的农业废弃物。马铃薯秸秆富含纤维素、半纤维素、木质素、水分、矿物质以及粗蛋白质、粗脂肪等营养成分，具有多种利用价值，如作为畜牧饲料、生物质能源原料、有机肥料、化学原料等。此外，马铃薯秸秆还可以通过加工处理，成为手工艺品的原材料，或用于农业景观利用、新材料研发等领域。

马铃薯秸秆作为饲料，可直接饲喂但需要切碎以控制长度并适量搭配其他饲料；亦可青贮处理，通过适时收割、切碎压实、

图 5-11　马铃薯秸秆

密封发酵制成优质青贮饲料；或晾晒干燥后调制成干草，便于储存和运输，饲喂时再与其他饲料混合。无论哪种方法，均需要注意质量控制、营养补充及逐步过渡，以确保家畜健康消化，并充分利用马铃薯秸秆的营养价值。

马铃薯秸秆的养分含量及氨基酸含量如表 5-21、表 5-22 所示。

表 5-21　马铃薯秸秆的养分含量

养分	含量
木质素 /%	10.58
酸性洗涤纤维 /%	33.70
中性洗涤纤维 /%	39.90
粗灰分 /%	16.74
粗纤维 /%	24.00
磷 /%	0.15
钙 /%	2.36
水分 /%	50.00
粗蛋白质 /%	15.93

（续）

养分	含量
粗脂肪 /%	1.49
总能 /（kJ/kg）	15 861.00

表 5-22　马铃薯秸秆的氨基酸含量

氨基酸	含量 /%
天冬氨酸	1.37
苏氨酸	0.61
丝氨酸	0.60
谷氨酸	1.66
甘氨酸	0.76
丙氨酸	0.82
胱氨酸	0.00
缬氨酸	0.79
蛋氨酸	0.19
异亮氨酸	0.59
亮氨酸	1.04
酪氨酸	0.49
苯丙氨酸	0.60
赖氨酸	0.65
组氨酸	0.25
精氨酸	0.72
脯氨酸	0.89

十二、苜蓿干草

苜蓿干草（图 5-12）是苜蓿经过干燥处理后制成的饲料。苜蓿干草富含蛋白质、维生素和矿物质等营养成分，特别是粗蛋白质含量较高，是玉米的 2～3 倍。此外，苜蓿干草还含有 β- 胡萝卜素、维生素K、叶酸等多种维生素，以及钙、磷等矿物质。这些营养成分对于畜禽的生长发育、繁殖和健康都有很好的促进作用。

苜蓿干草是反刍动物如牛、羊等的重要饲料来源。它具有适口性好、消化率高、营养全面等优点。在畜禽日粮中添加适量的苜蓿干草，可以提高畜禽的采食量、增重速度和繁殖性能。同时，苜蓿干草还可以改善畜禽的肉质和奶质，提高畜产品的品质和市场竞争力。

图5-12　苜蓿干草

苜蓿干草的制作方法主要包括自然干燥法和人工干燥法。自然干燥法是指将收割后的苜蓿草平铺在地面上或搭建的草架上，利用阳光和风力进行自然干燥。这种方法成本较低，但受天气影响较大，干燥时间较长，且容易造成营养损失。人工干燥法是指采用专门的干燥设备（如烘干机）对苜蓿草进行高温快速干燥。这种方法可以大大缩短干燥时间，减少营养损失，但设备投资较大，能耗较高。在制作过程中，需要注意控制干燥温度和时间，以避免苜蓿草过度加热而破坏其营养成分和适口性。苜蓿干草制作完成后，需要进行妥善的储存和运输。储存时应选择干燥、通风、避雨的地方，以防止苜蓿干草受潮、发霉和变质。运输过程中应注意防潮、防晒和防破损，以确保苜蓿干草的品质和安全。

苜蓿干草的养分含量及氨基酸含量如表 5-23、表 5-24 所示。

表 5-23 苜蓿干草的养分含量

养分	含量
木质素 /%	10.77
酸性洗涤纤维 /%	40.80
中性洗涤纤维 /%	48.30
粗灰分 /%	8.03
粗纤维 /%	41.00
磷 /%	0.22
钙 /%	0.85
水分 /%	19.72
粗蛋白质 /%	15.34
粗脂肪 /%	1.22
总能 /（kJ/kg）	18 358.00

表 5-24 苜蓿干草的氨基酸含量

氨基酸	含量 /%
天冬氨酸	1.81
苏氨酸	0.66
丝氨酸	0.68
谷氨酸	1.45
甘氨酸	0.76
丙氨酸	0.92
胱氨酸	0.00
缬氨酸	0.85
蛋氨酸	0.10

(续)

氨基酸	含量 /%
异亮氨酸	0.67
亮氨酸	1.17
酪氨酸	0.68
苯丙氨酸	0.75
赖氨酸	0.94
组氨酸	0.37
精氨酸	1.15
脯氨酸	1.22

十三、秸秆类饲料的加工调制

秸秆产量虽巨大,但品质低劣,用作饲料有很多限制因素,包括粗纤维含量高,通常在30%以上,且木质素含量高,质地粗硬,适口性差;粗蛋白质含量低,有机物消化率低。因此,要想有效利用秸秆,须对其加工处理,以提高适口性和营养价值。

秸秆类饲料加工调制的方法主要有物理和机械法加工处理、化学法加工处理、微生物法加工处理。

(一)物理和机械法加工处理

1. 切短和粉碎

粗硬而长茎的秸秆不便于动物的采食和咀嚼,因此将其切短,既易于动物采食,又可减少抛撒浪费。但切短通常不能提高粗饲料的消化率和营养价值。在生产实际中,粗饲料是否切短或切短的程度应视动物的种类而定。粉碎时可将秸秆加工成各种粒度的草粉,并加入一定量的富含淀粉的饲料或尿素类添加剂,压制成成型饲料。

2. 水浸和蒸煮

水浸粗饲料可以达到软化饲料及提高采食量的目的，但不能提高饲料的营养价值。而蒸煮秸秆能迅速软化饲料，如辅以高压处理，还可破坏细胞壁结构，使木质素与纤维素之间的酯键断裂，有利于微生物和酶接触细胞内容物，从而提高秸秆类饲料干物质的消化率。

3. 膨化秸秆

膨化就是将秸秆、秕壳类饲料置于密闭的容器内，加热、加压，然后迅速解除压力，使饲料暴露在空气中膨胀。由于膨化饲料破坏了植物的细胞壁结构，使饲料的营养价值有明显的提高，加之膨化秸秆有香味，所以家畜喜食。

（二）化学法加工处理

1. 碱化处理

用氢氧化钠、氢氧化钾、氢氧化钙溶液浸泡或喷洒秸秆饲料，可使植物细胞壁松软膨胀，并出现裂隙，发生酚、醛、糖和木质素间的酯键皂化反应，木质素部分溶解，这样可提高秸秆中有机物的消化率。

碱化处理秸秆以氢氧化钠使用最多，其方法为：用8%～27%的氢氧化钠溶液，以秸秆重4%～5%的量，均匀地喷入秸秆，经一周即可饲喂家畜；或将秸秆浸入1.5%～2.5%的氢氧化钠溶液中12 h，取出后用水冲掉碱液再喂给家畜。但此法浪费水，同时容易造成土壤碱化。

2. 氨化处理

用液氨、氨水或能产生氨的尿素、碳酸氢氨处理秸秆。氨化秸秆有如下优点。

（1）可提高秸秆的蛋白质含量。铵根离子通过反刍家畜采食秸秆而进入瘤胃，瘤胃微生物可利用其合成瘤胃微生物蛋白。

(2)提高家畜对秸秆的采食量。这是因为氨化处理后,秸秆会软化,具有糊香味,且消化率、蛋白质含量增高。

(3)可提高秸秆的消化率。氨化处理可使秸秆中潜在的部分营养物质能够被家畜利用。

(4)氨化秸秆成本低、投资少,操作方法简单,群众容易接受。

(5)氨化处理可杀死秸秆上的一些虫卵和病菌,减少家畜疾病,并能使含水量为30%的秸秆得以保存。

氨化处理的方法很多,具体方法应因地制宜。氨化处理的原则是:被处理秸秆的含水量应为15%～20%,放在密闭的容器或大塑料罩中,通入氨气或均匀喷洒氨水,氨量以占秸秆风干质量的3%～3.5%为宜;处理时间依温度不同而不同,一般为1～8周;处理过程中应注意安全,工作人员要戴眼镜、手套、口罩;氨化饲料取用时应放尽氨气后,再喂给家畜。氨化处理是目前大力推广使用的一种有效的秸秆处理方法,也是开发饲料资源的有效途径。

(三)微生物法加工处理

微生物法加工处理是指利用具有分解粗纤维能力的细菌或霉菌,在一定培养条件下发酵秸秆,使植物细胞壁被破坏,并且产生糖和微生物蛋白,从而提高粗饲料的营养价值。

第三节 农副产品类饲料

农副产品类饲料主要是指蔬菜加工后的副产品,包括包菜尾菜、芹菜尾菜和马铃薯渣等。它们富含纤维及一定营养成分,适用于饲喂牲畜。

一、包菜尾菜

包菜尾菜（图 5-13）是指包菜（也称为卷心菜、圆白菜等）在生长过程中，外层较老、口感较差、卖相不好的叶子，或者是由于各种原因（如病虫害、天气影响、管理不善等）使品质下降、无法作为正常商品销售的包菜。这些尾菜往往被视作废弃物，但实际上它们仍然具有一定的利用价值，例如可以作为饲料、肥料或者通过加工转化为其他有用的产品。

图 5-13　包菜尾菜

包菜尾菜的养分含量及氨基酸含量如表 5-25、表 5-26 所示。

表 5-25　包菜尾菜的养分含量

养分	含量
木质素 /%	2.51
酸性洗涤纤维 /%	14.10
中性洗涤纤维 /%	12.50
粗灰分 /%	15.80
粗纤维 /%	11.90

（续）

养分	含量
磷 /%	0.25
钙 /%	3.21
水分 /%	84.66
粗蛋白质 /%	13.22
粗脂肪 /%	2.56
总能 /（kJ/kg）	15 524.00

表 5-26　包菜尾菜的氨基酸含量

氨基酸	含量 /%
天冬氨酸	0.89
苏氨酸	0.46
丝氨酸	0.50
谷氨酸	1.31
甘氨酸	0.51
丙氨酸	0.70
胱氨酸	0.00
缬氨酸	0.66
蛋氨酸	0.00
异亮氨酸	0.44
亮氨酸	0.73
酪氨酸	0.35
苯丙氨酸	0.46
赖氨酸	0.53
组氨酸	0.30
精氨酸	0.74
脯氨酸	1.57

二、芹菜尾菜

芹菜尾菜(图 5-14)是指在芹菜的生产、采收、加工、运输、销售等环节中产生的无商品价值的残叶、老叶、病叶、伤叶等。这些尾菜通常被丢弃或作为废弃物处理,因为它们不符合市场销售的外观和品质标准。然而,芹菜尾菜仍然含有一定的营养成分,如蛋白质、氨基酸、酚类物质、果胶、膳食纤维等,因此具有一定的利用价值。

图 5-14 芹菜尾菜

芹菜尾菜经过适当处理后可以作为畜禽的饲料,特别是对于一些对粗纤维要求不高的动物,如猪、鸡等。

芹菜尾菜的养分含量及氨基酸含量如表 5-27、表 5-28 所示。

表 5-27 芹菜尾菜的养分含量

养分	含量
木质素 /%	4.01
酸性洗涤纤维 /%	18.80

（续）

养分	含量
中性洗涤纤维 /%	19.30
粗灰分 /%	20.83
粗纤维 /%	13.10
磷 /%	0.34
钙 /%	1.76
水分 /%	88.08
粗蛋白质 /%	12.03
粗脂肪 /%	0.88
总能 /（kJ/kg）	14 553.00

表 5-28　芹菜尾菜的氨基酸含量

氨基酸	含量 /%
天冬氨酸	1.16
苏氨酸	0.46
丝氨酸	0.43
谷氨酸	1.28
甘氨酸	0.52
丙氨酸	0.60
胱氨酸	0.00
缬氨酸	0.60
蛋氨酸	0.08
异亮氨酸	0.45
亮氨酸	0.75
酪氨酸	0.37
苯丙氨酸	0.45
赖氨酸	0.52
组氨酸	0.20

（续）

氨基酸	含量 /%
精氨酸	0.54
脯氨酸	0.73

三、马铃薯渣

马铃薯渣（图 5-15）是马铃薯在加工成淀粉、薯片等过程中产生的固态残余物。这些残余物主要由马铃薯的表皮、碎片和未能完全提取的淀粉等组成。由于马铃薯渣具有高水分含量、易腐败变质以及营养成分不均衡等特性，给处理和利用带来了很大的困难。然而，通过适当的处理方法，如脱水烘干、发酵、提取有效成分等，马铃薯渣可以被转化为有价值的资源。例如，马铃薯渣可以用作饲料、发酵培养基、生物质燃料、食用菌种植基质等，从而实现资源的循环利用和环境保护。

图 5-15 马铃薯渣

马铃薯渣的饲用方法通常包括直接饲喂或经过适当处理（如发酵、干燥）后与其他饲料混合使用。直接饲喂时需要注意控制饲喂量,避免过量导致消化不良;经过处理后的马铃薯渣则能提高其营养价值和适口性,更适合作为畜禽饲料的配料,以平衡饲料营养,促进动物健康成长。

马铃薯渣的养分含量及氨基酸含量如表 5-29、表 5-30 所示。

表 5-29　马铃薯渣的养分含量

养分	含量
木质素 /%	4.47
酸性洗涤纤维 /%	28.20
中性洗涤纤维 /%	42.10
粗灰分 /%	4.60
粗纤维 /%	20.80
磷 /%	0.12
钙 /%	0.15
水分 /%	52.31
粗蛋白质 /%	6.48
粗脂肪 /%	0.68
总能 /(kJ/kg)	17 532.00

表 5-30　马铃薯渣的氨基酸含量

氨基酸	含量 /%
天冬氨酸	0.50
苏氨酸	0.18
丝氨酸	0.17
谷氨酸	0.47
甘氨酸	0.21
丙氨酸	0.22
胱氨酸	0.00
缬氨酸	0.25
蛋氨酸	0.06

（续）

氨基酸	含量/%
异亮氨酸	0.17
亮氨酸	0.29
酪氨酸	0.49
苯丙氨酸	0.36
赖氨酸	0.40
组氨酸	0.15
精氨酸	0.23
脯氨酸	0.40

第四节　树叶类饲料

一、榆树叶

榆树叶（图5-16）指落叶乔木榆树的叶子。榆树叶呈椭圆状卵形、长卵形、椭圆状披针形或卵状披针形，长2～8 cm，宽

图5-16　榆树叶

1.2~3.5 cm。其先端渐尖或长渐尖，基部偏斜或近对称，一侧楔形至圆，另一侧圆至半心脏形。叶面平滑无毛，叶背幼时有短柔毛，后变无毛或部分脉腋有簇生毛。榆树叶的边缘具重锯齿或单锯齿，侧脉每边 9~16 条，叶柄长 4~10 mm。

新鲜的榆树叶含有粗蛋白质以及相当多的矿物质和胡萝卜素。饲喂实践证明，用榆树叶喂猪，不但能促进猪的生长发育，而且猪吃了后还少得病。榆树叶采集后可青喂，可打浆喂，也可风干后打成面粉喂。青喂和打浆喂时，添些干精饲料（如玉米面、地瓜面、高粱面等）效果更好。给猪常喂些榆树叶面粉，还可预防维生素缺乏症的发生。

榆树叶的养分含量及氨基酸含量如表 5-31、表 5-32 所示。

表 5-31　榆树叶的养分含量

养分	含量
木质素 /%	11.53
酸性洗涤纤维 /%	30.10
中性洗涤纤维 /%	59.70
粗灰分 /%	15.66
粗纤维 /%	15.20
磷 /%	0.14
钙 /%	3.14
水分 /%	55.26
粗蛋白质 /%	10.06
粗脂肪 /%	5.25
总能 /（kJ/kg）	16 837.00

表 5-32　榆树叶的氨基酸含量

氨基酸	含量 /%
天冬氨酸	0.96
苏氨酸	0.43

（续）

氨基酸	含量/%
丝氨酸	0.45
谷氨酸	1.22
甘氨酸	0.50
丙氨酸	0.67
胱氨酸	0.00
缬氨酸	0.55
蛋氨酸	0.10
异亮氨酸	0.39
亮氨酸	0.70
酪氨酸	0.40
苯丙氨酸	0.45
赖氨酸	0.51
组氨酸	0.19
精氨酸	0.91
脯氨酸	0.97

二、杏树叶

杏树叶（图5-17）指落叶乔木杏树的叶子。从外观上看，杏树叶通常为圆卵形或宽卵形，长5～9 cm，宽4～8 cm。杏树在我国华北、西北和华东地区种植较多，也有一些地方逸为野生。杏树适应性强，能在平原、山地、丘陵、沙荒地、轻度盐碱地等多种土壤环境中生长。

杏树叶作为饲料，可以通过干燥后粉碎成叶粉直接混入畜禽日粮，或采用盐渍、发酵、青贮等方法进行加工处理，以提高其适口性、营养价值和保存期限。在饲用时，需要根据畜禽的种

图 5-17　杏树叶

类、生长阶段和营养需求等因素，合理确定杏树叶的添加量和饲喂方法，确保其安全有效地利用。

杏树叶的养分含量及氨基酸含量如表 5-33、表 5-34 所示。

表 5-33　杏树叶的养分含量

养分	含量
木质素 /%	12.05
酸性洗涤纤维 /%	22.00
中性洗涤纤维 /%	23.90
粗灰分 /%	13.95
粗纤维 /%	19.70
磷 /%	0.07
钙 /%	2.92
水分 /%	62.70
粗蛋白质 /%	6.80
粗脂肪 /%	5.05
总能 /（kJ/kg）	17 788.00

表 5-34　杏树叶的氨基酸含量

氨基酸	含量 /%
天冬氨酸	0.59
苏氨酸	0.22
丝氨酸	0.23
谷氨酸	0.52
甘氨酸	0.26
丙氨酸	0.35
胱氨酸	0.00
缬氨酸	0.34
蛋氨酸	0.00
异亮氨酸	0.27
亮氨酸	0.45
酪氨酸	0.20
苯丙氨酸	0.23
赖氨酸	0.20
组氨酸	0.09
精氨酸	0.44
脯氨酸	0.35

第六章
饲料营养价值评定

第一节　饲料营养价值的评定意义

一、饲料营养价值的概念

饲料营养价值是指饲料被动物摄入后，经过消化、吸收和利用，满足动物生长、发育、繁殖和生产等营养需要的程度。饲料营养价值涵盖了饲料中各种营养成分的含量、消化率、利用率以及这些成分对动物生产性能的贡献等多个方面。饲料营养价值的高低，直接决定了动物对饲料的利用效率和生产性能的好坏。

饲料中的营养成分主要包括蛋白质、脂肪、碳水化合物、矿物质、维生素等。这些成分在动物体内发挥着不同的生理功能，如蛋白质是构成动物体组织和维持生命活动的基础物质，脂肪是动物能量的重要来源，碳水化合物则主要提供能量和维持动物肠道健康等。而饲料营养价值的评定，就是要通过科学的方法，准确地测定这些营养成分的含量，并评估它们在被动物摄入后的消化、吸收和利用情况。

二、饲料营养价值评定的意义

（一）为配制全价饲粮提供科学依据

全价饲粮是指能够满足动物所有营养需要的饲料组合。通过饲料营养价值的评定，可以了解各种饲料原料中营养成分的含量和有效利用率，从而根据动物的营养需求，科学地配制出全价饲粮。这不仅可以提高饲料的利用率，减少浪费，还可以确保动物获得全面均衡的营养，提高生产性能。

例如，在配制猪饲料时，要根据猪的生长阶段和体重，确定其蛋白质、脂肪、矿物质和维生素等营养需求。然后，通过饲料营养价值的评定，选择含有相应营养成分的饲料原料，并按照一定比例进行混合，以配制出满足猪营养需求的全价饲粮。这样，不仅可以提高猪的生长速度和饲料转化率，还可以降低养殖成本，提高经济效益。

（二）有利于开发饲料资源

随着畜牧业的快速发展，饲料需求量不断增加，而传统饲料资源有限。因此，开发新的饲料资源成为解决饲料短缺问题的重要途径。通过饲料营养价值的评定，可以发现一些具有潜在价值的饲料原料，如农作物副产品、工业废弃物等，并评估它们的营养价值。这不仅可以拓宽饲料来源，还可以降低饲料成本，提高养殖效益。

例如，玉米秸秆作为一种农作物副产品，其营养价值较低，但经过科学处理（如青贮、氨化等）后，可以提高其营养价值，成为牛、羊等反刍动物的优质饲料。通过饲料营养价值的评定，可以准确地评估玉米秸秆的营养价值，并确定其在饲料中的适宜添加量，从而充分利用这一饲料资源。

（三）指导饲料加工和储存

饲料在加工和储存过程中，其营养价值可能会发生变化。通过饲料营养价值的评定，可以了解加工和储存条件对饲料营养价值的影响，从而指导饲料加工和储存技术的改进，不仅可以保持饲料的营养价值，还可以延长饲料的保质期，减少浪费。

例如，在高温高湿的环境下，饲料中的脂肪和维生素容易氧化变质，导致营养价值降低。通过饲料营养价值的评定，可以了解这些营养成分在储存过程中的变化规律，并采取相应的措施（如添加抗氧化剂、控制储存温度等）来减缓氧化速度，保持饲料的营养价值。

第二节 饲料营养价值的评定体系

饲料营养价值有两大评定体系，即物质评定体系和能量评定体系。

一、物质评定体系

物质评定体系主要依据饲料的养分含量以及动物对这些养分的消化、代谢利用程度来评定饲料的营养价值。这一体系通过一系列具体的指标来量化饲料的营养价值，为饲料的合理选择和配制提供了科学依据。

（一）粗略成分（近似成分）

这是饲料营养价值评定的基础指标，主要包括水分、粗蛋白质、粗脂肪、粗纤维、无氮浸出物（或称为碳水化合物）以及灰分等。这些成分反映了饲料的基本组成，是初步了解饲料营养价值的重要依据。

（二）干草等价

这一指标主要用于评定粗饲料的营养价值。它是以某种标准干草（如紫花苜蓿）为基准，根据其他粗饲料与标准干草在营养价值上的相对关系来确定的。干草等价越高，说明该粗饲料的营养价值越高。

（三）干物质单位

这是衡量饲料中干物质含量多少的一个指标。由于饲料中的水分含量会影响其实际营养价值，因此通过计算干物质单位可以更准确地评估饲料的营养价值。

(四) 可消化干物质

这一指标反映了饲料中能够被动物消化利用的干物质部分。通过测定饲料的可消化干物质含量，可以了解饲料在动物体内的消化利用率，从而为饲料配制提供参考。

(五) 淀粉价

淀粉是饲料中重要的能量来源之一。淀粉价是指饲料中淀粉含量与其被动物消化利用程度的乘积，它反映了饲料中淀粉的实际营养价值。

(六) 燕麦单位、大麦单位、玉米单位

这些指标是根据特定谷物（如燕麦、大麦、玉米）的营养价值来评定的。它们综合考虑了谷物的能量、蛋白质、纤维等营养成分，为饲料的配制提供了更为精细的参考。

(七) 总可消化养分

这是衡量饲料中所有可消化养分总和的一个指标。它综合考虑了饲料中的蛋白质、脂肪、碳水化合物等营养成分的消化利用率，是全面评估饲料营养价值的重要指标。

二、能量评定体系

能量评定体系主要依据饲料在不同生理阶段所能提供的能量多少来评定其营养价值。这一体系通过一系列能量指标来量化饲料的能量价值，为动物的能量需求和饲料选择提供了科学依据。

(一) 饲料总能

饲料总能指饲料中所有化学键所蕴藏的能量总和。虽然饲料

总能并不能完全反映饲料在动物体内的实际能量价值，但它是计算其他能量指标的基础。

（二）消化能

消化能是指饲料中被动物消化吸收的那部分能量。它反映了饲料在动物消化道内的消化程度以及动物对饲料的消化能力。消化能越高，说明饲料在动物体内的利用率越高。

（三）代谢能

代谢能是指饲料中被动物消化吸收后，用于维持生命活动和生产产品的那部分能量。与消化能相比，代谢能更准确地反映了饲料在动物体内的实际能量价值。

（四）净能

净能是指饲料中被动物用于生产产品的那部分能量。它扣除了动物在维持生命活动过程中所消耗的能量，因此更直接地反映了饲料对动物生产性能的贡献。

（五）奶牛能量单位

这是专门针对奶牛设计的一种能量评定指标。它综合考虑了奶牛在不同生理阶段（如泌乳期、干奶期等）的能量需求以及饲料的能量价值，为奶牛的饲养管理提供了更为精确的能量参考。

综上所述，物质评定体系和能量评定体系共同构成了饲料营养价值评定的完整框架。通过综合运用这两大体系中的各项指标，可以更全面、准确地评估饲料的营养价值，为动物的饲养管理提供科学依据，推动畜牧业的健康发展。

第三节 饲料营养价值的评定方法

饲料营养价值的评定方法主要有饲料成分分析、消化试验、代谢试验、饲养试验和屠宰试验等。

一、饲料成分分析

饲料成分分析是饲料营养价值评定的基础，它通过对饲料中各种营养成分的定量测定，为评估饲料的营养价值提供基础数据。这些营养成分包括水分、粗蛋白质、粗脂肪、粗纤维、无氮浸出物（碳水化合物）、灰分、矿物质和维生素等。

根据饲料成分测定值，可大致推断饲料的营养价值。若饲料中粗蛋白质、无氮浸出物或粗脂肪含量较高，则一般认为，该饲料营养价值可能较高。

饲料成分分析法操作简便，设备也不复杂，按此法可粗略地估计饲料营养价值。但是，该法有以下局限性。

（1）各饲料中同名成分组成可能不同，因而消化率不同；即使组成相同，消化率也会有异。

（2）根据饲料中各成分含量，难以准确评定饲料的营养价值。这是因为：①粗蛋白质是以含氮量估算的，反刍动物对真蛋白和非蛋白氮利用率相似，而单胃动物不然。②蛋白质中氨基酸组成可能不同。③粗纤维中 3 种主要组分的比例也可能不同。④饲料中灰分高，不能说该饲料营养价值就高，也不能说其中必需矿物元素含量高。⑤无氮浸出物中还含有相当量的粗纤维。⑥粗脂肪中组分可能不同。

上述的成分分析都是粗成分（粗略成分或近似成分）分析，随着饲料学科的发展和测试技术的进步，饲料营养价值的评定逐渐深入细致，现已开始分析饲料中的纯养分如氨基酸、维生素、矿物质元素和必需脂肪酸等。

二、消化试验

消化试验是测定饲料养分被动物消化程度（消化率）的一种试验方法。

$$表观消化率（\%）=\frac{食入饲料养分量-粪中养分量}{食入饲料养分量}\times 100$$

$$真消化率（\%）=\frac{食入饲料养分量-（粪中养分量-代谢性养分量）}{食入饲料养分量}\times 100$$

目前，测定饲料养分消化率多是用表观消化率。至于真消化率，一般只有理论上意义。公式中，代谢性养分量不是来自饲料，而是源于消化液、消化道脱落黏膜和消化道内微生物等。

根据消化率，可计算饲料中可消化干物质、可消化无氮浸出物、可消化粗蛋白质、可消化粗纤维和可消化粗脂肪。通常不测定维生素和矿物质的消化率，因为它们在肠道不单是消化、排泄过程，还伴有维生素在消化道内合成与降解的过程；大量内源性矿物质由肠壁分泌，影响饲料矿物质消化率的测定结果。

消化率的测定方法主要有以下几种。

1. 一次法测定消化率

（1）试验动物选择。试验动物须符合3点要求：①健康、发育良好、消化机能正常。②品种、经济类型、年龄、体重、性别等应相同或基本一致。③试验动物数量视试验目的和要求确定，一般不得少于3头。

（2）对试验所需饲料应一次备足，并准确称量与采样分析。按常规饲养方法饲喂动物。

（3）按试验要求，准备试验设备，如消化笼、料槽、饮水器、集粪装置和检测仪器等。

(4)预试期工作。在试验前,将动物置于试验场地,并用供测料预饲,以使动物适应环境、试验装置和试验饲料,并使其消化道内非试验饲料排空。

(5)正试期工作。正试期中对粪定时无损地收集,称量并及时处理。对动物采食的剩料须无损回收和称量。经常注意试验动物精神状态和健康情况,发现问题后,要及时处理。粪样成分测定与消化率计算。

2. 二次法测定消化率

本法适于某些不能单一饲喂动物的饲料,如糠麸类饲料等。测定这类饲料,应做两次试验,第一次用100%基础饲粮喂给动物,以测得基础饲粮中某养分消化率。第二次用试料部分地(20%~30%)取代基础饲粮,从而测得试料中某养分消化率。

$$\text{基粮养分消化率}(\%) = \frac{\text{基粮中养分含量} - \text{第一次粪中养分含量}}{\text{基粮中养分含量}} \times 100$$

$$\text{待测料养分消化率}(\%) = \frac{\text{待测料中养分含量} - [\text{第二次粪中养分含量} - 70\%\sim 80\%\text{基粮中养分含量} \times (1-\text{基粮养分消化率})]}{\text{基粮中养分含量}} \times 100$$

第一次消化试验与第二次消化试验的方法与步骤同一次法。

3. 指示剂法测定饲料消化率

原理:假定指示剂为稳定性物质,通过动物消化道后能完全由粪中排出,通过饲料与粪中养分和指示剂含量的变化而计算养分的消化率。

在饲料中加入指示剂(外源性指示剂,如 Cr_2O_3 等)或利用饲料中固有的指示剂(内源性指示剂,如酸不溶灰分等)来测定饲料消化率。用该法不需要全部收集粪样，每日只需取少量粪样，而后将多日粪样混匀，并定量分析。使用外源性指示剂法，在待测料中加 0.5% Cr_2O_3 指示剂，混匀后备用。使用内源性指示剂，检测待测料和粪样中酸不溶灰分即可。其余工作和全粪法（常规法）中的一次法相同。指示剂法计算待测料消化率公式如下：

$$DC = 100\% - 100\% \times \left(\frac{A_1}{A_2} \times \frac{F_1}{F_2} \right)$$

式中，DC 为待测料消化率，%；A_1 为试料中指示剂含量，%；F_1 为试料中养分含量，%；A_2 为粪中指示剂含量，%；F_2 为粪中养分含量，%。

4. 尼龙袋法

尼龙袋法主要用于反刍动物饲料蛋白质的瘤胃降解率测定。其基本步骤是：将饲料蛋白质（定量）放入特制的尼龙袋中，通过瘤胃瘘管将装有料样的尼龙袋放入瘤胃中，在 24～48 h 后取出尼龙袋，将其冲洗干净，烘干称重。根据尼龙袋中蛋白质的消失量可求得饲料蛋白质的降解率。该法简单易行、重复性好、耗时耗力少，目前国际上已经普遍用来测定饲料蛋白质的降解率。

5. 体外法测定消化率

模拟胃肠内环境，充入营养物质，再加入消化酶。经一定时间后，测定饲料中某养分消化率。

三、代谢试验

为测定饲料中可储留成分占可吸收成分的比例（百分率）而进行的试验就是代谢试验。这个比例（百分率）就是代谢率。饲料代谢率越大，其营养价值就可能越高。代谢试验又被称为平衡试验。

代谢试验是通过测定动物在摄入饲料后的代谢产物来评估饲料营养价值的方法。它可以帮助我们了解饲料中能量的利用效率和动物对饲料中营养成分的代谢情况。

一般来说,通过测定饲料成分代谢率,评定饲料营养价值较饲料成分分析法和消化试验法可靠,但工作量大,所需设备较多。

四、饲养试验和屠宰试验

用饲养试验可测定某一饲料的饲喂效果,也可测定动物对某一养分的需要量。为达到上述任一目的而进行的试验就是饲养试验。

测定某饲料营养价值时,先用该饲料喂给动物,经一段时间后,宰杀动物(起初也宰杀动物做对照)。根据动物体内沉积的成分及其数量,判定饲料营养价值。这种试验方法就是屠宰试验,该法主要被用于肉用动物和实验小动物。

第七章

饲料的质量控制与加工技术

第一节　饲料原料的质量控制

有了好的配方，若没有高质量的原料，也不会生产出高质量的饲料。原料的质量控制是基础和关键。

一、玉米

（一）感官检验

1. 视觉（看）

一看品种，有的玉米品种在年景差、成熟度低时要比别的品种的水分高 2.0%～3.0%。

二看色泽，看色泽要背光，既不能在阳光直射下观看，也不能在日光灯下观看。在日光灯下观看玉米，它的色泽较强（比较光亮），同一样品在日光灯下观看比在正常光下观看水分要高出 2.0% 左右。一般来讲，光泽强的玉米水分在 25% 以上。

三看胚的大小，近年来，玉米的品种繁多，有的玉米胚部比较大，有的玉米胚部较小。胚大的玉米含水量高，胚小的玉米含水量低，水分相差 1.0%～2.0%。

四看角质多少，根据品种的差异，有的玉米含角质多，有的玉米含角质少，有的几乎不含角质（即粉质玉米），角质多的玉米水分低，角质少的玉米水分高。

五看胚的凸凹，玉米胚凹陷的水分低，胚凸出的水分高（自由水分入）。

2. 触觉（摸）

摸就是用手感觉。

用手满把握时有刺手的感觉，胚基收缩，胚部凹陷，用拇指甲掐胚部阻力大（掐不动），没有掐痕，手摸粒面光滑、光泽弱，此时玉米样品水分在 14.0% 以下。

用手满把握时有刺手的感觉，粒面光滑，胚基收缩，胚部凹陷，用拇指甲掐胚部，没有响声，只留有轻微的掐痕，指甲受到的阻力大，此时玉米水分在 14.0%～15.0%。

胚部凹陷，用拇指甲掐胚部有轻微的响声，指甲稍有下陷，玉米稍有光泽，此时玉米水分在 15.0%～16.0%。

胚部稍有凹陷，用指甲掐胚部时，较易掐入，玉米有光泽，此时玉米样品的水分在 16.0%～17.0%。

3. 蒸玉米窝窝头

第一步，将玉米粉碎。

第二步，加水和面。

第三步，蒸 30～40 min。

第四步，取出进行感官评定。

气味：有玉米固有的香味，没有异味。

颜色：金黄色，没有发暗，外表没有杂质等不良颜色。

口感：没有苦味、怪味。

（二）接收注意要点

接收的玉米须籽粒整齐一致，无发酵、变质、霉变、结块、异味及异臭等。另外，玉米接收最好根据《玉米》（GB 1353—2018）定等级。采用这种方法快速简单，特别适合批量购买。不符合验收标准的玉米不予接收。

二、碎米

大米加工厂加工大米时颗粒度不完整的残次品就是碎米。

（一）感官检验

1. 视觉（看）

视觉上主要是看碎米的色泽和外观。

优质碎米，色泽清白，有光泽，呈白色或半透明状，丰满光滑、爆腰、腹白，无虫，不含杂质。

劣质碎米，色泽呈微淡黄色，饱满度差，有爆腰和腹白，有带壳粒，有虫，有结块等。

霉变碎米，表面是绿色、黄色、灰褐色、黑色等。

2. 嗅觉（闻）

嗅觉上主要是闻碎米的气味。手中取少量碎米，向碎米哈一口热气，然后立即嗅气味。

优质碎米，具有正常的清香味，无其他异味。

次质、劣质碎米，微有异味或有霉变气味、酸臭味、腐败味和其他不正常的气味。

3. 触觉（摸）

触觉主要是手摸大米的手感。

新米，光滑，手摸有凉爽感。

陈米，色暗，手摸有涩感。

严重变质米，手捻易成粉状或易碎。

不同的季节，碎米的水分也是不一样的。有经验的专业户可以通过手摸大致判断碎米的水分含量。碎米的水分偏高将会加速碎米的变质。碎米的水分是碎米品质稳定的一个重要因素。

4. 味觉（尝）

味觉主要是尝碎米的味道。取少量碎米放入口中细嚼，或磨碎后再品尝。

优质碎米，味佳，微甜，无任何异味。

次质、劣质碎米，没有味道，微有味异、酸味、苦味及其他不良滋味。

5. 碎米煮粥感官评定

通过煮粥的方法，根据气味、外观结构、滋味和口感对碎米进行快速感官评定（表7-1）。

表 7-1　煮粥法感官评定碎米

感官评定	评价内容	优质碎米	次质、劣质碎米
气味	特有米香气	香气浓郁	香气清淡，无香气
	异味	无异味	陈米味和不愉快味（霉变味、酸臭味、刺鼻的不正常气味等）
外观结构	颜色	正常、均一，煮汤后呈米白色	颜色发暗或清水色
	光泽	有光泽	无光泽
滋味	纯正性、持久性	咀嚼时有甜味、米香味，味道纯正	味淡、持久性差
口感	黏性、弹性、适口性	口感黏性适中，稍有弹性	口感粗糙

（二）接收注意要点

碎米的接收要点主要是色泽、气味和水分。

三、小麦

（一）感官检验

1. 颜色鉴别

良质小麦，颗粒饱满、完整、大小均匀，组织紧密，无害虫和杂质。

次质小麦，颗粒饱满度差，有少量破损粒、生芽粒、虫蚀粒，有杂质。

劣质小麦，严重虫蚀，生芽，发霉结块，有多量赤霉病粒，麦粒皱缩，呆白，胚芽发红或带红斑，或有明显的粉红色霉状物，质地疏松。

2. 气味鉴别

取样品于手掌上，用嘴哈热气，然后立即嗅其气味。

良质小麦，具有小麦正常的气味，无任何其他异味。

次质小麦，微有异味。

劣质小麦，有霉味、酸臭味或其他不良气味。

3. 滋味鉴别

取少许样品进行咀嚼，品尝其滋味。

良质小麦，味佳微甜，无异味。

次质小麦，乏味或微有异味。

劣质小麦，有苦味、酸味或其他不良滋味。

（二）接收注意要点

小麦接收要点是控制颜色、气味，同时小麦的赤霉烯酮毒素和呕吐毒素含量应重点关注。

四、高粱

按性状及用途可分为食用高粱、糖用高粱、帚用高粱等类。饲料行业主要使用的是食用高粱的谷粒。

（一）感官检验

1. 感官鉴别

优质高粱籽粒整齐，色泽新鲜一致，无发酵、霉变、结块及异臭异味；反之，则为劣质高粱。水分含量不得超过14.0%，杂质总量不得超过1%。

2. 水分高低的判断

水分含量高的高粱，看上去籽粒粒型鼓胀，整个籽粒光泽性强，用手指捏、压籽粒感觉较软，用牙齿咬碎时较容易，咬碎时声音低，用指甲掐不费力等；反之，则水分含量较低。

（二）高粱使用注意事项

1. 单宁的抗营养因素

使用高粱时要特别注意其中所含的抗营养因子——单宁，单宁的含量与高粱品种有关，一般黄谷高粱和白高粱单宁含量较低，褐高粱单宁含量较高。畜禽对单宁较为敏感，在使用高粱时应控制其添加量。

2. 高粱中单宁含量高低的简易辨别法

由于单宁存在于种皮层及其内部，可用漂白试验除去高粱外皮及鞘膜，便可看到种皮层颜色，而进行分辨。其方法为，在一个铝质或玻璃盘内加水约 3 mm 深，在加热器上加热，保持水温在 60 ℃左右；在一个 250 mL 烧杯中加入 7.5 g 氢氧化钾、15 g 高粱和 70 mL 5.25% 的次氯酸钠（一般的家用漂白剂）溶液，搅匀；将烧杯放入之前准备好的 60 ℃水盘内加热 7 min，然后取出烧杯、漂洗；高单宁高粱的籽粒呈现一层很厚的棕褐色种皮，而低单宁籽粒则呈现光亮，接近白色。

五、大麦

大麦主要包括皮大麦和裸大麦。

（一）感官检验

优质大麦籽粒整齐，色泽新鲜一致，无发酵、霉变、结块及异臭异味；反之，则为劣质大麦。水分含量不得超过 13.0%，杂质总量不得超过 1%。水分高低的判断方法同高粱。

（二）大麦使用注意事项

在使用大麦作为饲料原料时，需要充分考虑其营养成分特点。大麦含有一定量的 β-葡聚糖，若直接大量使用，可能会导致动物肠道黏性增加,影响营养物质的消化吸收。因此,在使用前,可对大麦进行适当加工处理,如粉碎、制粒或添加相应的酶制剂,以降低 β- 葡聚糖的负面影响。同时,要根据不同动物的生长阶段和营养需求,合理确定大麦在饲料中的添加比例。例如,对于幼龄动物,其消化功能尚未完全发育成熟,大麦的添加量应相对较低;而对于成年反刍动物,由于其瘤胃微生物能够较好地分解利用大麦中的营养成分,添加量可适当提高。此外,还需要注意大麦与其他饲料原料的搭配,确保饲料的营养均衡,满足动物生长、生产的需要。

六、面粉

饲料厂使用面粉,一般对粗灰分进行控制,要求含量在 1.3% 以下。面粉质量鉴别介绍如下。

(一)色泽鉴别

将样品在黑纸上撒一薄层,与适当的标准颜色或标准样品做比较,仔细观察其色泽异同。

良质面粉,色泽呈白色或微黄色,不发暗,无杂质。

次质面粉,色泽暗淡。

劣质面粉,色泽呈灰白或深黄色,发暗,色泽不均。

(二)组织状态鉴别

将面粉样品在黑纸上撒一薄层,仔细观察有无发霉、结块、生虫及杂质等,然后用手捻捏,以试手感。

良质面粉,呈细粉末状,不含杂质,手指捻捏时无粗粒感,无虫子和结块,置于手中紧握后放开不成团。

次质面粉,手捏时有粗粒感,生虫或有杂质。

劣质面粉,面粉吸潮后霉变,有结块或手捏成团。

（三）气味鉴别

取少量样品置于手掌中，用嘴哈气使之稍热；为了增强气味，也可将样品置于有塞的瓶中，加入60℃热水，紧塞片刻，然后开塞嗅其气味。

良质面粉，具有面粉的正常气味，无其他异味。

次质面粉，微有异味。

劣质面粉，有霉臭味、酸味、煤油味以及其他异味。

（四）滋味鉴别

取少量样品细嚼，遇有可疑情况，应将样品加水煮沸后尝试。

良质面粉，味道可口，淡而微甜，没有发酸、刺喉、发苦、发甜以及外来滋味，咀嚼时没有沙声。

次质面粉，淡而乏味，微有异味，咀嚼时有沙声。

劣质面粉，有苦味、酸味、发甜或其他异味，有刺喉感。

七、豆粕

按照提取的方法不同，豆粕可以分为一浸豆粕和二浸豆粕两种。其中以浸提法提取豆油后的副产品为一浸豆粕，而先以压榨取油、再经过浸提取油后所得的副产品称为二浸豆粕。在整个加工过程中，对温度的控制极为重要，温度过高会影响蛋白质量，从而直接关系豆粕的质量和使用；温度过低会增加豆粕的水分含量，而水分含量高则会影响储存期内豆粕的质量。一浸豆粕的生产工艺较为先进，蛋白含量高，是我国目前市场上流通的主要品种。

（一）感官检验

1. 豆粕颜色

较好的豆粕呈黄色或浅黄色，色泽一致。较生的豆粕颜色较浅，有些偏白，豆粕过熟时，则颜色较深，近似黄褐色（生豆粕和过熟豆粕的脲酶均不合格）。

2. 豆粕形状及有无霉变、发酵、结块和虫蛀并估计其所占比例

首先，好的豆粕呈不规则碎片状，豆皮较少，无结块、发酵、霉变及虫蛀。有霉变的豆粕一般都有结块，并伴有发酵，掰开结块，可看到霉点和面包状粉末。其次，判断豆粕是否经过二次浸提，二次浸提的豆粕颜色较深，焦煳味也较浓。最后，取一把豆粕置于手中，仔细观察有无杂质及杂质数量，有无掺假（豆粕主要防掺豆壳、秸秆、麸皮、锯木粉、沙子等）。

3. 豆粕的气味

是否有正常的豆香味，是否有生味、焦煳味、发酵味、霉味及其他异味。如果味道很淡，则表明豆粕较陈。

4. 咀嚼豆粕

尝一尝是否有异味，如生味、苦味或霉味等。

5. 用手感觉豆粕水分

用手捏或用牙咬豆粕，感觉较绵的，水分较高；感觉扎手的，水分较低。两手用力搓豆粕，若手上粘有较多油腻物，则表明油脂含量较高。

（二）注意事项

豆粕不应焦煳化或有生豆味，否则为加热过度或烘烤不足。加热过度导致赖氨酸、胱氨酸、蛋氨酸及其他必需氨基酸的变性反应而失去利用性。烘烤不足，不足以破坏胰蛋白酶抑制因子等抗营养因子，蛋白利用率差。必须正确鉴别，可用感官方法（根据颜色深浅）鉴别，也可利用快速测定尿素酶法进行鉴定。

（三）掺假鉴别

感官鉴别掺入各种石粉、贝壳粉等无机物类物质。

这类物质价格低廉,掺入豆粕中获利大。由于多为灰白色,与豆粕的颜色相近,而且密度大,在豆粕中掺入较大量所占体积比例小,从外观上不易被发现。

但根据其密度大,又是无机物的特点,采用容重测定法和外包装比较法可快速识别豆粕中是否掺入这类密度大的物质。采用粗灰分测定法则可确认豆粕中是否掺入这类物质。

1. 闻

掺有"豆粕料"的豆粕由浓香变为淡淡的香或根本无香味。

2. 看

豆粕颜色淡黄,加热温度高的深黄,不掺假的光泽非常明显,整齐划一,而掺有"豆粕料"的豆粕整体光泽度降低,特别是"豆粕料"基本没有光泽度;把粒度整齐、偏大的取走后,剩下细小的,然后用右手食指和拇指捏起,使劲一搓,一看便知,真正的豆粕,即使是再细小的颗粒,用两个手指是搓不细的。

3. 尝

真豆粕有豆香味,而掺假的无味(玉米面、石粉等)或有泥土味(掺黄土、泥沙等)。

4. 水浸

取适量样品放入大玻璃杯中,用水浸泡 2 h,然后用一小棒轻轻搅动,若有分层现象的,上层为豆粕,中层为玉米面(饼),下层为黄土、钙粉、石粉等。

5. 容重测定法

一般纯豆饼(粕)的容重为 594~610 g/L,而各种石粉、贝壳粉以及其他无机物的容重多在 1 000 g/L 以上,比豆粕大得多。测定被怀疑掺假豆粕的容重,然后与纯豆粕的容重(最好是同时测定的)进行比较。

若容重在 800 g/L 以上,则可判定被测豆粕中掺有石粉等无机类物质;若容重仅少量增加(容量低于 800 g/L),则需要用粗灰分测定法进一步确认。

(四)掺假案例分析

取被检大豆粕 5~10 g 于烧杯中,加入 100 mL 四氯化碳(有毒试剂,要做好相应的防护),搅拌后放置 20 min,大豆粕漂浮在四氯化碳表面,而沙土沉于底部。将沉淀部分灰化,以稀盐酸(1∶3)煮沸,如有不溶物即为沙土。

八、菜籽饼(粕)

我国油菜籽的 95% 都用作生产食用油。目前油菜籽的常见榨油工艺有动力旋转压榨和预压浸出工艺两种,前者的副产物是菜籽饼,后者的副产物是菜籽粕。

(一)感官检验

1. 色泽

优质菜籽饼为褐色,菜籽粕为黄色或浅褐色,具有浓香的油香味。这种油香味特殊,其他原料不具备。而劣质产品颜色暗淡,无油性光泽,油香味淡,颜色也暗,用手抓时,感觉较沉。一般颜色越红,蛋白质含量越低。

2. 外观形态及手感

优质菜籽饼呈片状或饼状;菜籽粕呈碎片或粗粉末状,手感有疏松感,无结块、霉变。

(二)脱毒

菜籽饼中含有致毒因子芥籽酸、硫葡萄糖苷等,使用时应注意脱毒,一般的脱毒方法有以下 3 种。

1. 土埋法

土埋法是一种简便而有效的脱毒方法。

选择干燥向阳的地方，挖一土坑，其容量约为 1 m³，并于坑内铺垫草席；然后将菜籽饼（粕）（粉状）按 1∶1 加水浸泡，装入坑内，盖上薄膜。经封盖土埋 2 个月，即可取出饲用。据测定，菜籽饼（粕）经过 2 个月土埋后，其异硫氰酸盐含量可由 0.538% 下降到 0.049%；脱毒率高达 89.35%。

2. 碱处理法

碱性物质如氨水或纯碱在湿热条件下可阻碍硫葡萄糖苷生成致毒物质，从而使其丧失毒害作用。

配制浓度为 7% 的氨水或 10.5%~14.5% 的纯碱溶液；于 100 份菜籽饼（粕）（粉状）中均匀喷洒 22 份氨水或 24 份纯碱溶液，闷盖 3~5 h，再将其放入蒸笼中蒸 40~50 min，取出炒干或晒干，即可饲用。据试验测定，菜籽饼（粕）经碱处理后，其脱毒率可达 60% 以上。

3. 硫酸亚铁法

用硫酸亚铁脱毒的原理在于，铁离子可与硫葡萄糖苷生成无毒的螯合物，也可与其降解产物分别形成无毒产物，从而使它们失去毒性，最终达到脱毒的效果。

称取 0.5 kg 硫酸亚铁，将其溶于 25 kg 的水中，待充分溶解后，均匀喷洒入 50 kg 粉碎的菜籽饼（粕）中，然后在 100℃ 下蒸 30 min，取出风干即可饲用。

九、棉籽饼（粕）

（一）感官检验

优质棉籽饼粕呈小瓦片状或饼状，不可有过多外壳、棉纤维及其他杂质。色泽呈黄褐色、暗褐色及暗红色皆有，细度影响色泽，通常色淡者品质较佳。

优质棉籽饼粕一般呈淡褐色、深褐色或微黑色，粉状或小团,储存太久或加热过度会使颜色加深。略带坚果和棉籽油味,不可有发霉、腐败、发酵、焦煳等异味。

(二)品质判断

色泽要新鲜一致,有正常气味,无臭味等异味,无发霉变质、结块等。确定适合本地区的安全水分,保证其安全储存及使用。

棉籽饼粕粗蛋白质一般不低于42%,高的为48%左右。可根据棉籽饼中含粗纤维的多少鉴别其质量的高低。

(三)掺假鉴别

棉籽饼主要掺有红土、膨润土、褐色沸石粉或砂石粉的,也有用钙粉、各色土、麸皮、米糠、稻壳经加工制粒、着色制成棉籽饼料的。

棉籽饼因产地不同,加工的工艺流程不一样,导致生产的棉粕颜色、质量也不同,应根据具体情况具体分析,用感官检查配合水浸法鉴别比较容易,也比较准确。

(四)脱毒

由于棉籽饼(粕)中含有游离棉酚等有害物质,在利用上受到一定的限制。因此,必须经过脱毒处理,提高其饲用价值。其脱毒处理主要有如下3种方法。

1. 水煮沸

棉籽饼(粕)中的游离棉酚,在高温高湿条件下可被破坏,从而失去毒性。因此可采用水煮法使其脱毒。

先将棉籽饼(粕)粉碎,加入适量水;然后加热使之煮沸30 min,在煮沸过程中要不断搅拌,使其充分作用。煮沸处理后的棉籽饼(粕)待冷却后即可饲喂。

2. 浸泡法

棉籽饼（粕）中含有的游离棉酚，可与亚铁离子形成难以被畜禽胃肠道吸收的络合物，从而起到脱毒的作用。

称取硫酸亚铁（工业用）2.5 kg，溶于 250 kg 水中，然后将棉籽饼（粕）粉碎，称取 100 kg，浸泡于硫酸亚铁溶液中。每隔几小时搅拌 1 次，经 24 h 即可捞出饲喂。

3. 发酵法

采用发酵粉使棉籽饼（粕）发酵，对消除游离棉酚的毒性具有一定效果。

取 20 kg 棉籽饼（粕）与 80 kg 粉状能量饲料配制成混合料，于其中加入 300 g 发酵粉（如 703 发酵粉），并加入适量清水搅拌均匀（手捏成团、放开即散为宜）；然后装入缸内，用塑料薄膜封口，使其充分发酵；经过 1～4 d 待缸内散发酒香味，即可取出饲喂。

十、花生饼（粕）

（一）感官检验

优质的花生饼（粕）呈淡褐色至深褐色小块状或碎屑状，含有少量花生壳，压榨饼稍深，呈烤过的花生香味；一致性、流动性好，不可有太多外壳、沙土等杂质，不可有虫蛀、结块及异味异臭现象。不可有发酸、发霉、烧焦的味道。

（二）脱毒

花生饼本身并无毒素，但储藏不当极易发霉产生黄曲霉毒素。此时，就一定要经过脱毒处理方可饲喂。常用的几种方法如下。

（1）将污染的花生饼粉碎后置于缸内，加 5～8 倍清水搅拌、静置,待沉淀后再换水多次,直至浸泡的水呈无色为宜,此法只适用于轻度霉败的饲料。

(2)使用饱和石灰水溶液浸泡并冲洗被污染的花生饼,连续3次,然后用清水反复冲洗干净。

(3)将发霉的花生饼在150℃的高温下烘焙30 min或用阳光照射霉变花生14 h,均可去掉80%~90%的黄曲霉毒素。

(4)将发霉的花生饼密封在熏罐或塑料薄膜袋中,使水分含量达18%以上,通过氨气熏蒸10 h,可使黄曲霉毒素含量减少90%~95%。

(5)在霉变的花生饼中添加5%的生石灰,去毒率可达90%~99%。

十一、麸皮

(一)感官检验

1. 观察颜色、形状

麸皮一般呈土黄色,细碎屑状,新鲜一致。

2. 闻麸皮气味

是否有麦香味或其他异味、异臭、发酵味、霉味等。

3. 手感

抓一把麸皮在手中,仔细观察是否有掺杂和虫蛀;掂一掂麸皮分量,若较坠手则可能掺有钙粉、膨润土、沸石粉等物。将手握紧,再松开,感觉麸皮水分,水分高较粘手。再用手捻一捻,看其松软程度,松软的麸皮较好。

将手插入一堆麸皮中然后抽出,如果手指上粘有许多白色粉末,且不容易抖落则说明掺有滑石粉,如容易抖落则是残余面粉。再用手抓起一把麸皮使劲攥,如果麸皮容易成一团,则为纯正麸皮;而攥时手有胀的感觉,则说明掺有稻糠。

（二）品质判断

（1）小麦麸需色泽新鲜一致，无发酵、霉变、结块及异味、异臭。

（2）麦麸为片状，通气性差，不容易长期保管，水分超过14%时，在高温高湿下容易变质。接收时，注意其气味，是否酸败、发酵或有其他异味，已结块的麦麸，要看是否已变质。

（3）小麦麸容易生虫，接收时也应特别注意。

（4）小麦麸因目前市场需求量大，经常缺货，有可能有掺假现象。一般掺假的原料有石粉、贝粉、花生皮、稻糠、沙土等低价原料。可依据其气味、镜检（可观察其淀粉颗粒的形式）及化学方法等来识别。

（三）掺假鉴别

麦麸主要掺杂一些石粉、贝粉、沙土、花生皮及稻糠等，识别方法如下。

1. 水浸法

此法对掺有贝粉、沙土、花生皮者效果较为明显。

取 5~10 g 麸皮于小烧杯中，加入 10 倍的水搅拌，静置 10 min，将烧杯倾斜，若掺假则看到底面有贝粉、沙土，上面浮有花生壳。

2. 盐酸法

取试样少量于小烧杯中，加入 10% 的盐酸，若出现发泡，则说明掺有贝粉、石粉。

十二、次粉

次粉是面粉与麸皮间的部分，是以小麦籽实为原料磨制各种面粉后获得的副产品之一。

（一）感官检验

1. 看次粉颜色、新鲜程度及含粉率

好的次粉呈白色或浅灰白色粉状。颜色越白，含粉率越高（好次粉含粉率应在 90% 以上）。

2. 闻次粉气味

是否有麦香味或其他异臭、异味、霉味、发酵味等。

3. 手感

抓一把次粉在手中握紧，若含粉率较低，松开时次粉呈团状，说明水分较高，反之较低（含粉率很高时则不能以此判定水分高低，要以化验为准）。

4. 取一些次粉在口中咀嚼，感觉有无异味或掺杂

若次粉中掺有钙粉等物时，会感觉口内有渣，含而不化。

（二）掺假鉴别

次粉主要掺杂一些石粉、贝粉、沙土等杂质，起到以次充好的目的。最有效的鉴别方法就是采用四氯化碳沉淀。在试管中取少许次粉，然后加入四氯化碳摇匀后静置 30 min，观察试管底部是否有沉淀生成，如有则为掺假。

十三、米糠

（一）感官检验

1. 观看米糠颜色、形状

米糠呈浅灰黄色粉状，新鲜一致，伴有少量碎米和谷壳尖。再看其是否发霉、发酵和生有肉虫。

2. 闻米糠气味

是否有清香味或其他异臭、异味、霉味、发酵味等。

3. 手感

抓一把米糠在手中，用力握紧后再松开，若手指和手掌上有滑腻的感觉，则含油较高，反之较低；如果手感没有滑腻感觉，但有湿润感，则水分较高；观察碎米颜色，若米粒有渗透性的绿色时，则不新鲜；用手指在手掌上反复揉捻，若感觉粗糙则说明糠壳较重；抓一把若坠手，则说明可能有掺杂。

4. 取少许米糠在口中含化，看有无异味或掺杂

正常情况下，应有微甜味、化渣。假如含化时不化渣，咀嚼有细小硬物，则可能掺有膨润土、沸石粉、泥灰、砂石等物质。

（二）掺假鉴别

米糠掺假主要是砂石、泥灰以及稻壳粉。砂石、泥灰可以用液体沉淀法来判别，稻壳粉可以通过过筛来判别。

（三）储存要求

米糠油脂含量高，储存不当容易引起酸败变质。储存要在通风、干燥的环境，另外，码垛不宜过高，储存量不宜过大。

十四、鱼粉

（一）感官检验

1. 观看鱼粉颜色、形状

鱼粉呈黄褐色、深灰色（颜色以原料及产地为准）粉状或细短的肌肉纤维性粉状，蓬松感明显，含有少量鱼眼珠、鱼鳞碎屑、鱼刺、鱼骨或虾眼珠、蟹壳粉等；松散无结块，无自燃，无虫蛀等现象。

2. 闻鱼粉气味

有鱼粉正常气味，略带腥味、咸味，无异味、异臭、氨味、

否则表明鱼粉放置过久,已经腐败,不新鲜。

3. 手感

抓一把鱼粉握紧,松开后,能自动疏散开来,否则说明油脂或水分含量较高。

4. 口感

口含少许能成团,咀嚼有肉松感,无细硬物,且短时间内能在口里溶化,若不化渣,则表明此鱼粉含砂石等杂物较重,味咸则表明盐分重,味苦则表明曾自燃或烧焦。

(二)品质判断

鱼粉应具有新鲜的外观,不可有酸败、氨臭等腐败味道。水分要达到本地区的安全水分,以保证其安全储存及使用。

可用感官检查,即凭借视觉、嗅觉、触觉等来了解鱼粉是否正常,从而正确判断其品质。

鱼粉价格较高,特别是进口鱼粉,造成鱼粉市场较混乱。掺杂使假情况屡有发生,因此,在购进鱼粉时,必须对鱼粉进行掺假检验,掺伪的原料有石粉、羽毛粉、皮革粉、尿素、肉骨粉、贝壳粉、虾粉、棉籽粕、菜籽粕等,基本都是为了提高蛋白含量,有些是当增量剂使用,有些是用来改变鱼粉特性,有些是为了调整风味、色泽,有些兼有数种用途,但大多数是廉价而不能消化吸收的物质。

1. 焦化气味

进口鱼粉由于在船舱中长期运输,鱼粉所含的磷量高,容易引起自燃,而生成的烟或高温使鱼粉呈烧焦状态。另外,鱼粉在加工过程中,温度过高,也产生焦糊味。畜禽食后容易引起食滞,检验时需要多注意,如有此味,可拒收。

2. 新鲜度

鱼粉的新鲜度,需要从颜色、气味上鉴别,正常的鱼粉不应有酸味、氨味等异味,颜色不应有陈旧感。鱼粉其黏性越佳越新鲜（因鱼肉的肌纤维富有黏着性）。其判断方法是，以75%鱼粉加25%淀粉混合，加1.2～1.3倍水炼制，用手拉其黏弹性即可判断。也可进行鱼粉新鲜度的检查。

3. 褐色化

鱼粉储存不良时，表面出现黄褐色的油脂，味变涩，无法消化，此乃鱼油在空气中被氧化而形成醛类物质，再与鱼粉变质所产生的氨及三甲胺作用，产生有色物质，需要认真鉴别。对这种情况的鱼粉，必须拒收。

4. 其他

鱼粉可先用标准密度液（如四氯化碳）进行密度分离，分离出有机物及无机物，而其含量可判别鱼粉品质，如无机物含量多，则品质等级较差。

如鱼粉中掺有皮革粉、羽毛粉时，则可把鱼粉用铝箔纸包上用火点燃，以由此产生的气味来判别，也可镜检进行判别。

粗蛋白质含量的高低，并不完全代表品质的优劣，但不失为判断的标准。一般鱼粉的粗蛋白质应在63%～70%，太低可能属于下杂鱼粉所制，太高可能掺伪，可用纯粗蛋白质方法检验，以确定其真实品质情况。

鱼粉粗纤维含量几乎为零，太高则掺有纤维质的原料，如粗糠、木屑等，可用水漂法检验。

灰分高表明骨多肉少，反之骨少肉多，灰分20%以上表示非全鱼所制，钙、磷比例应一定，太多钙可能加入廉价的钙原料，可用盐酸法检验。

第二节　饲料的加工技术

一般来说，多数饲料在饲用前都要经过适当的加工。对饲料进行物理性、化学性、生物性处理过程就称为饲料加工。

一、青绿饲料的加工

（一）切碎

切碎是青绿饲料最简单的加工方法。对青绿饲料切碎，便于动物采食、吞咽，减少饲料浪费。切碎的程度视动物种类而定。用于喂猪，可将青料切成长 1～2 cm；用于喂禽类，可将青料切成长 1 cm 以下；用于喂牛，可将青料切成长 3～8 cm；用于喂羊，可将青料切成长 3～6 cm。此外，对于块根、块茎、瓜类等特殊形态的饲料，如红薯、南瓜等，切碎时应根据其质地和大小切成小块、小片或小粒状，以便动物能够轻松采食并充分消化吸收其中的营养成分。

（二）热煮

多数青绿饲料的最好饲用方式是生喂。但有些含毒的青绿饲料或多汁饲料饲用前须经过热煮。例如，马铃薯及其秧禾中含有龙葵素（茄碱）毒性物质，生喂这类饲料易引起动物中毒。故要将其煮熟，弃去废液后投喂动物。又如，核桃、苦楝、荆条等树的叶含有毒性物质，一些野菜类青绿饲料含有草酸盐等抗营养因子。这些青绿饲料饲用前都应适当热煮。方法是：将青绿饲料切成长 2～5 cm，置于加热容器中，加适量的水，而后加热，一般需要煮开，将其过滤，弃去滤液，用滤渣喂动物。

（三）打浆

一些植物（如南瓜藤蔓等）营养价值较高，适口性也好，但其茎叶表面有刺或刚毛，因而不能直接饲用。对这类青绿饲料宜用打浆技术。方法是：在打浆机内放一些清水后开动机器，将洗净、除杂、切碎的青绿饲料慢慢放入机槽内（料：水一般为1：1），打成浆后，打开出口，使浆体流入储料池内，为提高浆体的稠度，可将其过滤。滤渣投喂动物，滤液倒入机槽内，代替部分水而重复使用。

（四）叶蛋白饲料的生产

目前，我国蛋白质饲料日益短缺，因此开辟新的蛋白资源成为当务之急。极为丰富的蛋白质资源蕴藏于绿色植物中。近几年来，叶蛋白的研究与生产使得这一潜在资源变为现实的蛋白质来源，因而为生产蛋白质饲料开辟了一条广阔的道路。

1. 叶蛋白组成

绿色植物叶中含有蛋白质。可将其分为两类：一类为固态蛋白。存在于经破碎、压榨后分离出的绿色沉淀物中，主要包括不溶性的叶绿体与线粒体构造蛋白、核蛋白和细胞壁蛋白，这类蛋白一般难溶于水；另一类蛋白为可溶性蛋白，存在于经离心分离出的上清液中，包括胞质蛋白和粒体蛋白的可溶性部分以及叶绿体的基质蛋白。这些可溶性蛋白质的凝聚物就是叶蛋白。

2. 生产叶蛋白的原料

一般来说，绿色植物叶均可作为生产叶蛋白的原料。但为了保证叶蛋白的产量与品质，选择的原料应蛋白质含量高、叶片多、不含毒性成分。适用于生产叶蛋白的原料较多，主要有豆科牧草（如苜蓿、三叶草、草木樨、紫云英、苕子等）、禾本科牧草（如黑麦草、鸡脚草等）、混播牧草、叶菜类（如苋菜、牛皮菜、苦荬菜、菠菜、聚合草等）、青刈饲料作物、根类作物（如甘薯、萝卜和胡萝卜等）的叶片、瓜类叶片和鲜绿树叶等。目前，用于生产叶蛋白原料中最多的是苜蓿。苜蓿叶蛋白产量高、凝聚颗粒大、易分离、品质好。

3. 叶蛋白的生产程序

叶蛋白的生产一般包括破碎、压榨、凝固、析出和干燥五道工序。

（1）破碎。须破坏植物细胞结构，才能把叶中蛋白质充分提取出来。试验证明，原料碎得越细，叶中蛋白质的提取率越高。一般采用锤式粉碎机或螺旋切碎机将原料破碎。

（2）压榨。用压榨机将破碎的原料中绿色汁液挤压出来。在生产中，有时将破碎与压榨两步骤在同一台机器内完成。为了把汁液从草浆中充分榨取出来，压榨前可加入5%～10%的水分稀释后挤压，或先直接压榨，后加适量水搅拌，再进行第二次压榨。残渣可直接喂牛，也可在干燥或制成青贮料后喂牛。

（3）凝固。此步骤是将叶蛋白从绿色汁液中分离出来。常用以下几种方法。

①蒸汽加热法：当绿色汁液温度达70℃左右时，其中叶蛋白开始凝固和沉淀。为了使叶蛋白从汁液中充分分离出来，可分次给汁液加热：第一次将汁液加热到60～70℃，后速冷至40℃，此次滤出的沉淀中主要是绿色蛋白；第二次将汁液加热到80～90℃，并保持2～4 min，此次的凝固物主要是白色的细胞质蛋白。

蒸汽加热法简便，适于大规模生产。但有报道说，用该法生产的叶蛋白溶解性差，对其营养价值有一定的影响。

②加碱加酸法：加碱法是用氢氧化钠或氢氧化铵将汁液pH值调整到8.0～8.5，后立即加热凝聚。该法能尽快地降低植物酶活性，从而提高胡萝卜素、叶黄素等的稳定性。加酸法是利用蛋白质在等电点附近凝聚沉淀的特性将叶蛋白从汁液中分离出来。用盐酸将汁液pH值调整到4.0～6.4，即可凝结出绿色叶蛋白和白色叶蛋白。

③发酵法：将汁液厌氧发酵48 h，利用乳酸杆菌产生的乳酸使叶蛋白凝聚沉淀。用该法生产的叶蛋白质地较软，溶解性好，易被消化吸收。此法成本低，还能破坏植物中皂角苷等有害物

质。但因发酵时间较长，养分有一定的损失。因此，应尽快给汁液接种乳酸菌，以缩短发酵时间。

（4）析出。凝聚的叶蛋白多呈凝乳状。一般可用沉淀、过滤和离心等法将叶蛋白离析出来。

（5）干燥。刚提取的叶蛋白浓缩物呈软泥状，须及时干燥。工业上通用的干燥方法是热风干燥法和真空干燥法。但其产品往往发生褐变，既影响外观品质，又影响营养价值。较好的替代方法是冷冻干燥法，用该法可生产出品质优良的叶蛋白，但成本较高。若进行自然干燥时，最好在叶蛋白浓缩物中加入7%～8%的食盐，以免其腐败。

生产实践证明，从原料到成品所经历的时间越短，叶蛋白产品率越高，其中蛋白质、维生素等养分含量也越高。

二、能量饲料的加工

能量饲料的营养价值和消化率一般都比较高，但由于籽实类饲料的种皮、硬壳及内部淀粉粒的结构均影响着营养成分的消化吸收和利用。所以，这类饲料在饲喂前必须经过加工调制，以便能够充分发挥其作用。加工时常用的方法有以下几种。

（一）粉碎

粉碎法是最简单、最常用的一种加工方法。粉碎法是指利用机械手法将玉米、小麦等能量饲料破碎，破坏植物细胞物理结构，释放饲料中的营养价值，提高饲料利用率。在实际操作中，粉碎的细度须严格把控，既要确保饲料足够细碎以便于畜禽采食和消化，又要避免过度粉碎导致颗粒过小，因为过小的颗粒可能会影响反刍动物的正常咀嚼和消化过程，引发消化不良、胃部不适等问题。因此，根据饲料的种类和畜禽的生理特点，合理调整粉碎参数，是提升饲料利用率的关键。

（二）浸泡

浸泡是将饲料置于池中或缸中，按（1∶1.5）～（1∶1）的比例加入水进行浸泡。谷类、豆类、油饼类的饲料经过浸泡后变得膨胀柔软，便于消化。某些饲料经过浸泡可以减轻一些毒性和异味，从而提高了适口性。但是，浸泡并非时间越长越好，过度的浸泡会导致饲料中的营养成分如维生素、矿物质等溶于水而流失，同时，长时间的浸泡还可能使饲料发霉变质，反而降低了其营养价值。因此，掌握适宜的浸泡时间和水温，是确保饲料品质的重要步骤。

（三）蒸煮

对于某些特定的能量饲料，如马铃薯、豆类等，生喂不仅难以消化，还可能引起畜禽的消化系统疾病。因此，蒸煮成为这些饲料必不可少的加工环节。通过高温蒸煮，不仅可以使饲料中的淀粉质熟化，提高其消化率，还能进一步改善饲料的适口性，促进畜禽的采食。但值得注意的是，蒸煮时间须严格控制，一般不宜超过 20 min，以免过度加热导致饲料中的营养成分被破坏，如蛋白质变性、维生素损失等，从而影响饲料的整体营养价值。

（四）发芽

谷物籽粒在适宜的条件下发芽，是一种自然的生物转化过程。发芽过程中，部分蛋白质被分解成更易吸收的氨基酸，同时，糖分、胡萝卜素、维生素 E、维生素 C 以及 B 族维生素的含量显著增加，使饲料的营养价值得到大幅提升。这一方法特别适用于青绿饲料匮乏的冬春季节，可以为畜禽提供更为丰富、均衡的营养来源。然而，发芽过程须精心管理，包括控制温度、湿度以及发芽时间，以确保饲料的安全性和营养价值。

（五）制粒

将配合饲料通过特定工艺制成颗粒状，是现代饲料加工中的重要环节。制粒过程不仅能够使淀粉熟化，提高饲料的消化率，还能改变大豆、豆饼及谷物饲料中的抗营养因子结构，减少其对畜禽的不良影响。此外，制粒还能保持饲料的均质性，确保每粒饲料都含有均衡的营养成分，从而提高饲料的整体利用率。更重要的是，颗粒状饲料便于储存和运输，减少了饲料浪费，降低了养殖成本。

三、蛋白质饲料的加工

在蛋白质饲料调制加工中，不同种类饲料的加工方法不同。

（一）豆类饲料加工

在豆类饲料中含有一种叫抗胰蛋白酶的物质，这种物质进入羊的消化道后会与胰蛋白酶相互作用，使胰蛋白酶失去功能，影响营养物质的消化利用。而抗胰蛋白酶自身并不稳定，在一定温度条件下快速失去活性。

在豆类饲料加工时，可以通过蒸煮或烘焙的方法，消除豆类饲料中的抗胰蛋白酶活性。通过将煮熟的豆饼经过粉碎后，按照一定比例添加到日粮中，能极大释放豆饼饲料的营养价值。豆饼粉碎颗粒度应该比玉米细，这样能防止肉羊挑食。

（二）棉籽饼的加工

在棉籽饼中含有大量优质的粗蛋白和必需氨基酸，同时还含有大量可消化的糖类，是能量和蛋白质含量较高的蛋白质饲料。但是棉籽饼中存在较多的粗纤维和棉酚，为避免对肉羊生长造成影响，在饲喂前需要对棉籽饼进行脱酚处理。常用的方法是水煮法的硫酸亚铁溶液浸泡法。

（三）菜籽饼的加工

菜籽饼虽然具有很好的营养价值，但是本身适口性较差。另外在菜籽饼中还会含有硫葡萄糖苷，这种物质在生物酶的作用下能分解成多种有毒有害物质，一旦饲喂处理不当很容易引发饲料中毒。

菜籽饼脱毒方法主要包括土埋法和氨碱处理法。

1. 土埋法

土埋法就是将菜籽饼粉碎后，按照1∶1的比例加入水，混合均匀后放置在土坑中，盖上土密封严实，两个月后开挖使用，脱毒率高达90%，蛋白质损失率为8%左右。

2. 氨碱处理法

氨碱处理法是选择使用28%的氨水和碳酸氢钠粉剂，每100份菜籽饼添加5份氨水和3.5份碳酸氢钠，喷洒适量清水后，在塑料薄膜上堆放，3～5 h后，在蒸笼中蒸50 min，具有很好的脱毒效果。

四、粗饲料的加工

粗饲料的加工方法主要包括物理加工法、化学加工法和生物处理法。

（一）物理加工法

物理加工法是对秸秆类饲料外观形状和尺寸大小进行改造，如磨碎、蒸煮、膨化和热喷、揉切、压块等。

1. 磨碎

对粗饲料磨碎，可减少动物咀嚼时能耗，增加采食量。磨碎还可提高粗饲料的消化率，这是因为该法破坏了粗饲料中纤维素的晶体结构,部分地分离了纤维素、半纤维素与木质素的结合,从而使饲料更易受消化酶作用。但是磨碎过细的粗饲料在动物消化道内停留时间短,反而使消化率降低。试验研究表明,秸秆磨碎的细度以能通过 0.7 cm 的筛孔直径为宜。0.7 cm 细度的秸秆消化率与磨碎过粗或过细的比较,干物质、有机物与能量消化率提高了 4%,粗蛋白质消化率提高了 3.4%,酸性洗涤纤维消化率提高了 13%,粗脂肪消化率提高了 20%。

2. 蒸煮

蒸煮可使粗饲料中化学键断裂,从而提高终产物的消化率。不同原料对蒸煮的反应不同。玉米秸较小麦秸和高粱秸的消化率提高幅度大,且增大压力时,蒸煮效果提高。通常,在压力 20~30 kg/cm^2 时,蒸煮时间 1~1.5 min 较宜。蒸煮时间过短或过长,处理效果均受影响。

3. 膨化和热喷

对高压蒸煮的粗饲料骤然降压以使饲料膨胀的过程就是膨化。膨化可降解粗饲料中一些结构物质(如木质素等),从而能在一定程度上提高饲料消化率。据报道,膨化白桦树的适宜条件为:温度 183 ℃,压力 10 kg/cm^2,时间 15~20 min。一般认为,对粗饲料膨化有一定效果,但成本较高。

热喷是将粉碎后的秸秆投入压力罐内,经短时间低、中压蒸气处理,然后喷放,以改变其物理结构,成为较优质饲料。经热喷处理后的秸秆饲料,消化吸收率有一定提高。

4. 揉切

揉切是对玉米秸秆较理想的物理性处理方法。为方便反刍动物对玉米秸秆的采食,一般将玉米秸秆揉碎。应用挤丝柔碎机对玉米秸秆精细加工,使其成为柔软的丝状物,其质地松软,适口性、采食率和消化率都能提高。其具体技术措施是将收获后的玉米秆压扁并切成细丝,切丝后揉搓,破坏其表皮结构,大大增加了水分蒸发面积，使秸秆 3～5 个月的干燥期缩短到 1～3 d，有效保留了秸秆中的养分。

5. 压块

压块是将秸秆经铡切、混料、高温高压轧制而成，其养分浓度较高，适于作牛、羊饲料，便于运输和储存。压块饲料的突出优点是：经过熟化工艺将饲料由生变熟，可添加钙等矿物元素，有焦香味，无毒无菌。

（二）化学加工法

化学加工法是用化学制剂（如酸制剂、碱制剂等）对秸秆类饲料进行处理，以期破坏其中的化学键。化学加工法包括碱化和氨化。

1. 碱化

将秸秆粉碎，100 kg 秸秆粉喷 10 kg 30% 的氢氧化钠溶液密封 1 d 左右，打开通风一段时间即可饲喂。牛羊对其消化率可提高 13%～15%。

2. 氨化

壕、窖或地上堆垛氨化，将秸秆粉碎、切碎或揉碎后，100 kg 秸秆粉加 12 kg 20% 的氨水拌匀，装满窖后立即封闭。温度在 30 ℃、20 ℃、14 ℃ 下完成氨化的时间分别为 20 d、47 d、57 d。如果堆垛氨化时，需要用塑料膜包好。氨化成功后打开通风 2～3 d 饲喂。当温度为 20 ℃ 时，氨化时间在 40～60 d 最好。炉法氨化：将秸秆装入特制氨化炉中，经 10 多个小时即可完成，具有时间短和效果好的优点，经处理的秸秆粗蛋白质可提高到 13%，秸秆消化率提高 25%。尿素氨化秸秆：将 50 kg 水加入 3～4 kg 尿素，拌入 100 kg 秸秆中，在壕、窖、堆垛密封。在环境温度为 0 ℃、15、25 ℃ 和 35 ℃ 下处理时间分别为 90 d、60 d、40 d 和 30 d 以上效果好，同样使用前需要打开通风 2～3 d。

（三）生物处理法

生物处理法就是利用乳酸菌、酵母菌等一些有益微生物和酶在适宜的条件下，使其生长繁殖，分解饲料中难以被家畜消化利用的部分，同时可增加一些菌体蛋白质、维生素及其他一些对家畜有益的物质，并可软化饲料，改善味道，提高适口性。

1. 自然发酵

将草粉 100 kg 加水 100 kg 搅拌均匀，冬天最好用 50 ℃ 温水，可在地面堆积，水泥池中压实和装缸压实进行发酵，地面堆积需用塑料膜包好，3 d 后即可完成发酵，有酸香、酒香味，如饲喂成年羊每只补加尿素 6 g，每次没喂完的一些发酵草粉加入下次发酵料中，发酵速度大大加快。

2. 加精料发酵

100 kg 草粉中加 3 kg 麸皮、2 kg 玉米面，也可加 1 kg 尿素，也可不加尿素，然后按以上方法发酵，由于微生物生长需丰富的碳水化合物，而且麸皮含淀粉酶，能促使淀粉转变为麦芽糖，促进微生物大量繁殖，2～3 d 可完成发酵，这种发酵效果非常好。

3. 秸秆快速发酵剂发酵

秸秆快速发酵剂可在 13 h 内完成发酵，缩短发酵时间。每 100 kg 草粉加 1 kg 发酵剂，加入 80 kg 水，按以上的方法即可完成发酵。

4. 秸秆微贮

秸秆微贮就是在农作物秸秆粉中加入微生物高效活菌种放入密封容器中贮藏，经一定厌氧发酵过程，使作物秸秆变成具有酸香味，羊牛喜食，并能长期保存的饲料。

制作方法：

第一步：按每吨草粉取秸秆发酵活干菌 3 g，青贮秸秆 1.5 g

加入 2 kg 水中，加蔗糖 20 g，在常温下放置 1～2 h，使菌种复活。

第二步：配制菌液，配制 1% 的食盐水（12 kg 食盐加入 1 200 L 水中），将复活菌液倒入盐水中搅匀备用，此量可微贮 1 000 kg 草粉。

第三步：将秸秆粉碎揉碎（长为 2～5 cm）。

第四步：装填，将秸秆逐层装入微贮窖或池内，每层 20～30 cm，喷洒 1 次盐菌水，然后压实。逐层装填，直至草粉菌液全部用完，上面覆盖塑料薄膜，薄膜上放 20 cm 草，覆土 20 cm 密封，为了加快发酵，也可加入草粉重量 0.5%～1% 的玉米面或麸皮。

第五步：发酵期内经常检查，防止漏水进气。微贮适宜温度为 10～40℃，经 30 d 发酵后即可饲用。

第八章
配合饲料与配方设计

第一节 配合饲料概述

一、配合饲料的概念

配合饲料是指根据动物饲养标准及饲料原料的营养特点，结合实际生产情况设计配方，按照科学的饲料配方生产出来的由多种饲料原料（包括添加剂）组成的均匀混合物。

配合饲料是工厂化大批量生产的产品，其品质优劣影响很大，除直接关系畜牧业发展外，与人类健康及环境保护也有密切关系。因此，监督和规范配合饲料生产是十分必要的，只有监督和规范好配合饲料生产，才能保证配合饲料的营养性及安全性。

二、配合饲料的分类

（一）按营养成分分类

按照营养成分不同，配合饲料可分为全价配合饲料、预混料、浓缩饲料、代乳饲料和反刍动物精料补充料。

1. 全价配合饲料

该饲料所含的各种营养物质和能量均衡全面，能够完全满足动物的各种营养需要，不需要添加任何成分就可以直接饲喂。

2. 预混料

预混料是饲料添加剂与一定比例的载体或稀释剂经粉碎、混合生产的均匀混合物产品。这种产品实际上只是全价配合饲料中的一种主要组分，它不能直接饲喂动物。预混料的生产目的是使加量极微的添加剂经过稀释扩大体积，从而使其中的有效成分均匀地分散在全价配合饲料中。

3. 浓缩饲料

浓缩饲料是以蛋白质饲料为主，加上矿物质饲料和预混料配制而成的混合饲料。此类饲料不能直接饲喂猪、鸡，因为其中的粗蛋白质水平很高，通常在40%左右，而且除能量以外的其他营养指标均较高，所以在使用浓缩饲料时必须要按一定比例添加能量饲料，从而配制营养价值全面且平衡的饲粮。

4. 代乳饲料

代乳饲料也叫人工乳，是专门为哺乳幼畜配制的，以替代自然乳的一种特殊全价配合饲料，其目的是降低幼畜的培养成本，同时节约大量商品乳。

5. 反刍动物精料补充料

反刍动物精料补充料是由浓缩饲料配加能量饲料制成的。与全价配合饲料不同的是，它是用来饲喂反刍动物的，不过饲喂反刍动物时要加入大量的青绿饲料、粗饲料，且反刍动物精料补充料与青粗饲料的比例要适当。该种饲料用于补充反刍动物采食青粗饲料、青贮饲料时的营养不足。

（二）按饲料形状分类

按照饲料形状不同，配合饲料可分为粉料、颗粒饲料、碎粒料、压扁饲料和膨化饲料。

1. 粉料

粉料是配合饲料最常用的形式，适合于各种配合饲料类型。粉料生产加工工艺简单，加工成本较低，易与其他饲料种类搭配使用；但生产及饲喂过程中粉尘污染大，损失量较多，加工、储藏和运输等过程中营养成分易受外界环境的干扰而失活，引起动物挑食，造成饲料浪费。不同动物对粉料粒度的要求不同，应按国标上对粉料粒度的规定生产。

2. 颗粒饲料

颗粒饲料是指以粉料为基础经过蒸汽调制加压处理而制成的颗粒状配合饲料，多为圆柱形，也有角状。这种饲料容量大，适口性好,可提高动物单位时间的采食量,避免动物挑食,保证了饲料营养的全价性,饲料报酬高,同时避免了饲料在储存、运输过程中出现的组分分离现象。但加工过程中由于加热加压处理,颗粒饲料中的部分维生素、酶等的活性受到影响。颗粒饲料主要适于作为幼龄动物、肉用型动物饲料和鱼的饵料。

3. 碎粒料

碎粒料是颗粒饲料的一种特殊形式,即将生产好的颗粒饲料经过压辊式破碎机破碎成2～4 mm大小的碎粒。这类饲料主要是为了解决生产小动物颗粒饲料时的费工、费时、产量低等问题,它具有颗粒饲料的各种优点。

4. 压扁饲料

压扁饲料是指将籽实饲料去皮(反刍动物可不去皮),加入16%的水,通过蒸汽加热到120℃左右,然后压成扁片状,经冷却干燥处理,再加入各种所需的饲料添加剂制成的扁片状饲料。压扁饲料可改善饲料的适口性,提高饲料的消化率和利用效率。压扁饲料可单独饲喂动物,使用方便,效果良好。

5. 膨化饲料

把混合好的粉料加水、加温变成糊状,同时在10～20 s内加热到180℃,通过高压喷嘴挤出,由于压力迅速下降,造成饲料膨胀多孔,然后切成适当大小即可成为膨化饲料。膨化饲料适口性好,易于消化吸收,是幼龄动物的良好开食饲料。同时膨化饲料密度小,多孔,保水性好,是水产养殖上的最佳浮饵。

除上述5种不同物理性状的饲料外,还有液体饲料、块状饲料等。

(三)按饲喂对象分类

按照饲喂对象不同,配合饲料可分为猪用配合饲料、鸡用配合饲料、鸭用配合饲料、牛羊用配合饲料、特种畜禽用配合饲料等。

1. 猪用配合饲料

猪用配合饲料是根据猪的生长阶段和营养需求精心设计的，它综合考虑了猪在不同生长周期对蛋白质、能量、矿物质和维生素等营养素的需求，通过科学配比多种原料，确保猪健康快速成长，同时提高饲料利用率，降低养殖成本。

2. 鸡用配合饲料

鸡用配合饲料是针对肉鸡和蛋鸡的不同生长特点和生产需求定制的，它精确平衡了蛋白质、氨基酸、能量以及微量元素的比例，旨在促进鸡的快速生长、提高产蛋率和蛋品质，同时增强鸡群的免疫力，减少疾病发生，从而提升整体养殖效益。

3. 鸭用配合饲料

鸭用配合饲料充分考虑了鸭子的水禽特性，特别注重能量和蛋白质的供应，以及必需的脂肪酸和微量元素的添加，以满足鸭子快速生长、羽毛发育和产蛋的特殊需求，同时保持鸭肉和鸭蛋的风味与品质。

4. 牛羊用配合饲料

牛羊用配合饲料侧重于提供高纤维、易消化的营养组合，以适应牛羊等反刍动物的消化系统特点。这类饲料不仅注重能量和蛋白质的供应，还强调粗饲料的合理搭配，以促进瘤胃微生物的活跃，提高饲料的消化率和利用率，同时增强牛羊的体质和生产力。

5. 特种畜禽用配合饲料

特种畜禽用配合饲料是针对鸵鸟、孔雀、火鸡、鹧鸪、珍珠鸡、雉鸡、鹌鹑、鸽等非常规畜禽品种设计的，这类饲料根据每种特种畜禽的独特营养需求和生长习性进行个性化定制，旨在满足其特定的生长发育、繁殖性能和肉质改善等方面的要求，从而提高养殖效益和产品市场竞争力。

三、配合饲料的优越性

（一）科学配方，提高生产效率

配合饲料的生产基于深入的动物营养研究成果，采用科学配方，精确计算畜禽在不同生长阶段对各类营养素的需求。这种精细化的营养配比，能够最大限度地发挥畜禽的生产潜力，提高饲料转化率，使畜禽能够快速、健康地生长，从而提升养殖效率和经济效益。

（二）工业化生产，节约资源

工业化生产配合饲料具有显著的成本优势。企业可以大批量购入或直接进口质优价廉的饲料原料，通过规模化采购降低原料成本。同时，配合饲料生产还能充分集中利用当地的农副产品、牧草以及屠宰、酿造、榨油、制药等行业的下脚料，这些资源的有效利用不仅促进了饲料资源的开发，还大大节约了粮食资源，符合可持续发展的理念。

（三）现代化加工，保证品质与安全

配合饲料的生产通常采用现代化的成套设备，经过严格的加工工艺和质量控制体系。机械的强力搅拌能够确保饲料中各种成分，包括微量成分的均匀混合，避免了传统手工混合可能带来的不均匀问题。此外，完善的原料和成品检测手段以及质量控制体系，能够严格把控饲料的质量关，确保饲用的安全性。这种高质量的饲料不仅能够满足畜禽的营养需求，还具有预防疾病、保健助长的作用，为畜禽的健康生长提供了有力保障。

（四）使用方便，节省劳动与投入

配合饲料的使用极为方便，大大简化了养殖者的生产劳动。养殖者无须再自行配制饲料，只需根据畜禽的需求选择合适的配合饲料即可。这种便捷性不仅节省了畜牧场的劳动力投入，还减少了相关设备的购置和维修费用，降低了养殖成本。同时，配合饲料的规格明确，质量稳定可靠，使养殖者能够更加精准地控制饲喂量，提高养殖管理的精细化水平。

（五）应用面广，商品性强

配合饲料的应用范围广泛，几乎涵盖了所有畜禽品种和养殖阶段。其商品性强，规格明确，易于流通和交易。无论是大型养殖场还是小型农户，都可以根据自己的需求选择适合的配合饲料。这种高度的商品化和通用性，使配合饲料成为现代畜牧业不可或缺的重要组成部分，为畜牧业的快速发展提供了有力的支撑。

第二节　饲料配方的设计原则

饲料配方的设计受多种因素的制约，合理设计饲料配方需要遵循以下原则。

一、科学性

饲料配合的理论基础是现代动物营养与饲料学，而饲养标准则概括了其基本内容，列出了动物在不同生长阶段和生产水平下对各种营养物质的需要量，是设计饲料配方的科学依据。然而，饲养标准又有一定的局限性，设计饲料配方时必须选择适当的饲养标准，并结合当地的饲料资源和饲养管理状况进行适当调整，使确定的营养需要量更符合饲养动物的实际。

饲料营养成分及营养价值表也是设计饲料配方的主要依据，是选择饲料种类的重要参考。设计饲料配方时，必须根据饲料的营养价值、动物的种类及消化生理特点、饲料原料的适口性及体积、畜禽随意采食量等因素合理确定各种饲料的用量和配合比例。

二、安全性

设计饲料配方选用的饲料原料，尤其是饲料添加剂，必须以安全当先。为了保障人类的健康，我国饲料安全工程已经启动。禁止使用发霉、变质、酸败、含污染毒素等的不合格饲料原料，对于某些含有毒害物质的饲料原料，应脱毒使用或限量使用。必须遵守某些添加剂停药期的规定，对于国家明令禁止使用的某些添加剂，如部分抗生素、激素、瘦肉精等决不能使用。总之，设计制作饲料配方必须保证配合饲料在饲喂时的安全可靠，以保障动物和人类的健康。

安全性有两层基本含义：一是配合饲料对动物本身是安全的。二是这种配合饲料生产出的产品对人体是安全的。作为安全性评价包括"三致"：即致畸、致癌、致突变。

三、经济性

动物生产中饲料成本通常占生产总成本的60%～70%。因此在设计饲料配方时，必须注意经济原则，使配方既能满足动物的营养需要，又必须尽可能地降低成本，防止片面追求高质量。这就要求在设计饲料配方时，所用原料要尽量选择当地生产量较大、价格又较低廉的饲料，而少用或不用价格昂贵的饲料。目前，新的配方设计方法和饲料配方软件的应用，已使设计最低成本配方成为可能。

四、可操作性

可操作性即生产上的可行性原则。因为一个合理的配方必须选择特定的原料通过一定的生产工艺才能生产出合格的产品，所以设计配方时必须考虑其可操作性。设计的饲料配方必须与企业的生产条件配套，必须满足生产工艺及设备的要求，所用原料来源稳定，各种原料的用量或比例尽量不带小数。此外，产品的种类与阶段划分也应符合养殖业的生产需要。

五、市场性

配合饲料作为面向市场的商品，其配方设计必须紧密围绕市场需求进行，这是提升产品竞争力的核心。在设计配方之前，深入的市场调研是必不可少的步骤，通过收集和分析目标市场的消费习惯、偏好、价格敏感度、竞争对手情况等信息，明确产品的市场定位。同时，还需要考虑产品的包装设计、品牌塑造、营销策略等方面，以增强产品的市场吸引力和客户忠诚度。

六、合法性

合法性即配方设计应符合国家有关规定，如营养指标、感官指标和卫生指标等。设计配方时，不仅要确保各项营养指标达到或超过国家规定的饲养标准，还要特别注意避免使用违禁添加剂、超标使用某些成分或忽视饲料卫生安全，以免对动物健康造成危害，甚至引发食品安全问题。此外，部分饲料生产企业为了提升产品竞争力，会制定高于国家标准的企业标准，但这并不意味着可以随意设定，企业标准同样需要通过合法途径进行备案或注册，并在生产过程中严格执行，接受相关部门的监督检验。

第三节 饲料配合设计的步骤和方法

一、饲料配合设计的基本步骤

（一）从实际出发，进行产品定位

在设计配方前，首先要对产品进行定位。在很多情况下家畜的营养目标是"最大生产"，但也可能有其他目标。例如，对于干奶期的妊娠肉用母牛或活动量低的马，营养目标可能就是维持体重和体况。对于长久不运动的宠物，为增进健康和延长寿命而很少关注"生产性能"。

（二）确定营养水平

饲养标准是进行配方设计时确定饲料中营养水平的科学依据。但饲养标准的种类繁多，不同的国家有各自的饲养标准。应结合自身的特点合理选用。确定饲料的营养水平时主要考虑营养指标、饲养方式、日粮组成、环境因素等。任一条件的改变都有可能引起动物对营养需要的改变。因而在某些特定条件下适当调整某些营养指标是十分必要的。

（三）选择原料，确定某些原料的限制用量

动物需要的养分很多，大致可归纳为能量、蛋白质和氨基酸、常量和微量元素、维生素等几大类。为了全面满足动物的营养需要，饲料原料也应至少包括能量饲料、蛋白质饲料、矿物质饲料、维生素和微量元素添加剂。有时为了平衡日粮中的氨基酸，最好还要加入人工合成的氨基酸，并根据实际情况对原料的用量进行限制。

（四）通过计算设计出原始配方

营养水平和饲料原料确定以后，就可以利用各种计算方法设计出能满足营养要求的原始配方。但在计算之前应尽量获得各种原料养分含量的实测值。

（五）试验验证，最终确定配方

严格地讲，一个可供应用的配方，都应该经过试验验证。若能达到预期效果，便可定下来，正式应用。

二、饲料配合设计的主要方法

饲料配合设计的主要方法有手工计算法和计算机配方法两种。手工计算法主要有交叉法、试差法等，可以借助计算器计算。计算机配方法主要根据有关数学模型编制专门程序软件进行饲料配方的优化设计，涉及的数学模型主要包括线性规划、多目标规划、模糊规划等。

（一）手工计算法

1. 交叉法

交叉法又叫正方形法、对角线法或图解法等，一般在营养指标少、饲料种类不多的情况下采用，特别是用户购买了蛋白质浓缩料，只需要用能量原料配合成全价料时比较适合。还适用于计算2种、3种或3种以上饲料的混合比例，并使其达到某种营养成分的指标。

具体的方法和步骤如下。

（1）查动物饲养标准表，列出饲养对象的营养需要。

（2）查饲料营养成分和营养价值表，列出饲料原料的营养成分及含量。

（3）画一个正方形，在正方形中央写出预混饲料的营养含量或能量价值，在正方形的左上角和左下角分别写上饲料原料的营养含量或能量价值。

（4）顺对角线方向，以大数减小数，求出其差值，将该差数值写在对角线的另一端。

（5）用两个差值分别除以它们的和，即可得出混合饲料中原料的百分比和饲料的营养浓度。

交叉法的缺点是：在配制饲料时不能同时考虑多项营养指标，而且在饲料种类较多时，用此法计算既烦琐又复杂。因此，此法通常用于简单的能量混合料、蛋白质补充料的配制计算及饲料营养浓度的计算。

示例：

现有市售蛋白质浓缩饲料含粗蛋白质41.0%，可供利用的混合能量饲料（玉米60%、高粱20%、小麦麸20%）含粗蛋白质9.3%，试为生长肥育猪配制含粗蛋白质14%的饲粮。

计算步骤如下：

混合能量饲料 9.3　　　27.0

14.0

蛋白质浓缩饲料 41.0　　　4.7

混合能量饲料应占比例 $= \dfrac{27}{27+4.7} \times 100\% = 85.17\%$

蛋白质浓缩饲料应占比例 $= \dfrac{4.7}{27+4.7} \times 100\% = 14.83\%$

则饲粮中：

玉米占比例为 60%×85.17%=51.10%

高粱占比例为 20%×85.17%=17.03%

小麦麸占比例为 20%×85.17%=17.03%

由上可见，饲粮中玉米占51.10%、高粱占17.03%、小麦麸占 14.03%、蛋白质浓缩饲料占 14.83%。

2. 试差法

试差法又称为凑数法，即以饲养标准规定的营养需要量为基础，根据经验或参照经典配方初步拟出饲粮中各种饲料原料比例，再以各饲料原料中能量和各种营养物质之和分别与饲粮标准比较。若出现差额，再调整饲粮中饲料原料配比，直到满足营养需要量为止。

试差法配制步骤如下。

（1）查饲养标准，明确动物对能量与各种营养物质的需要量。

（2）根据饲料营养价值表查出各种饲料中能量和营养物质含量。

（3）根据能量和蛋白质要求，初步拟定能量饲料和蛋白质饲料在饲粮中的配比，并计算能量和蛋白质实际含量，与饲养标准比较。通过调整，使其符合动物营养需要。初步拟定饲料配方时，各类饲料大致比例如表 8-1 所示。

表 8-1　各类饲料原料在饲粮中大致比例

饲料种类	比例 /%
谷实类饲料	45～70
糠麸类饲料	5～15
植物性蛋白质饲料	15～25
动物性蛋白质饲料	3～7
矿物质饲料	5～7
微量元素和维生素添加剂	1～2
草粉类饲料	2～5

（4）用矿物质饲料和某些必需的添加剂，对配方进行调整。

①计算饲粮中钙、磷含量与差额。

②确定钙、磷源性饲料用量。
③确定食盐用量。
④确定微量元素和维生素添加剂用量。
⑤确定 EAA（必需氨基酸）用量。
⑥列出配方。

（二）计算机配方法

采用交叉法、试差法等初等代数的方法，可设计出相对简单的饲粮配方，但计算量较大。尤其当配方选用饲料原料较多，且须满足多个营养指标时，用上述方法配合饲粮便显得十分困难。另外，各种原料有多种不同的组合以构成某一系列配方，其营养物质含量均能满足饲料标准的要求。在这一系列配方中，必有一个成本最低，而上述两种方法很难找出这个成本最低的最优配方。

采用计算机强大的运算功能，可实现饲粮配方的优化设计。线性规划是用计算机设计饲粮配方的基本方法。目前，随着许多软件功能逐渐增强，适应面扩大，相信用计算机配合饲粮越来越灵活方便。软件设计趋于功能化、模块化，因而用计算机设计饲粮配方也越来越广泛。

线性规划的基本原理如下：任何一组线性方程均可能存在满足相应目标函数要求的最优解。这一组方程就是线性规划的约束条件。因此，进行线性规划须具备两个条件：约束条件和目标函数。即：

约束条件（约束方程）：

$$a_{11} \times x_1 + a_{12} \times x_2 + \cdots + a_{1n} \times x_n \geqslant b_1$$
$$a_{21} \times x_1 + a_{22} \times x_2 + \cdots + a_{2n} \times x_n \geqslant b_2$$
$$\vdots \qquad \vdots \qquad \vdots \qquad \qquad \vdots \qquad \vdots$$
$$a_{n1} \times x_1 + u_{m2} \times x_2 + \cdots + a_{mn} \times x_n \geqslant b_m$$

目标函数：

$$c_1 \times x_1 + c_2 \times x_2 + \cdots + c_n \times x_n \to 最小值$$

式中，x_n 为不同饲料原料的用量；a_{mn} 为不同饲料原料中不同养分的含量；b_m 为动物对不同养分的必需需要量；c_n 为不同饲料原料的经济价格，最小值为最低经济成本。$x_1, x_2, x_3, \cdots, x_n$ 的集合就是优选的饲料配方。

当今，最低成本配方几乎被所有饲料加工厂、畜禽生产联合企业及大型农场经营者采用。电子计算机的扩大应用使畜禽生产联合企业得以实现最低成本生产。近年来，在配制动物饲粮时，开始试用概率饲料配方技术。

第四节　预混料和浓缩饲料的配方设计

一、预混料的配方设计

（一）预混料配方设计的要求

预混料是全价配合饲料的重要成分，需要科学的配方和严格、合理的加工工艺。将预混料均匀混拌于基础饲粮中，可使动物有效利用微量添加剂成分。

对预混料配方设计的要求主要有以下几点。

1. 有效性和安全性

预混料作为饲料的核心组成部分，首要任务是确保所含饲料添加剂（如维生素、矿物质、氨基酸、酶制剂、抗生素等）的有效性。这意味着添加剂在储存和使用过程中应能保持其活性，确保动物能从中获得必需的营养成分或生理效应。同时，安全性也是不可忽视的，所有添加剂必须无毒、无害，不含有对动物健康或人类食品安全构成威胁的物质，且在使用量上须严格控制在安全范围内，避免残留和副作用。

2. 稳定性

稳定性是预混料质量的重要指标之一。由于预混料中常含有易受环境影响的活性成分，如维生素、酶等，因此必须具备良好的物理和化学稳定性。这要求预混料在生产、储存及运输过程中能够抵抗高温、湿度、光照等不良因素的影响，保持其原有性质和功效不变，从而确保最终饲料的品质和效果。

3. 粒度适宜

粒度是影响预混料与配合饲料混合均匀度的关键因素。适宜的粒度能够确保添加剂在饲料中均匀分布，避免局部浓度过高或过低导致的营养不均衡或添加剂浪费。同时，良好的粒度还能提高添加剂微量成分的承载能力，使得每粒预混料都能有效承载并传递所需的营养成分，提高饲料的整体营养价值。

4. 比重适宜

比重适宜是预混料在混合和运输过程中保持均匀性的重要条件。不同比重的原料在混合时容易因重力作用而分层，导致饲料成分分布不均。因此，预混料的比重设计须考虑与其他饲料原料的相容性，确保在混合、储存及运输过程中不会发生显著的分层现象，从而保持饲料的整体均匀性和营养价值。

5. 成本低

在满足上述所有要求的同时，成本控制也是预混料生产不可忽视的一环。通过优化配方、提高生产效率、采用经济合理的原料和添加剂等措施，可以有效降低预混料的成本。这不仅有助于提升饲料企业的竞争力，还能为养殖户带来更具性价比的饲料产品，促进畜牧业的可持续发展。

（二）预混料的设计步骤

先以营养性复合预混料为例说明，设计步骤如下。

（1）从饲养标准中，查出动物对各种少量或微量养分（如赖氨酸、蛋氨酸等必需氨基酸，钙、磷等常量元素，维生素、微量元素等）的需要量。

（2）测定或计算基础饲粮中各种少量或微量养分的含量。

（3）计算少量或微量养分在饲粮中添加量，一般可用下式表示：

养分在饲粮中添加量 = 该养分需要量 × 调整系数 − 基础饲粮中该养分含量 × 有效率

式中，养分需要量 × 调整系数，实际上就是养分的供给量，调整系数是指根据饲喂对象实际情况和环境条件等对理论营养需要量即饲养标准适当调整的系数，如维生素等养分，调整系数大于1。有效率是指基础饲粮中养分对动物的有效利用率，如基础饲粮中氨基酸，多假定其有效利用率为0.9；如用于喂猪、禽的基础饲粮中磷（植物源性磷），多假定其有效利用率为0.3。另外，一般地，将基础饲粮中维生素、微量元素含量作为安全裕量，故将基础饲粮中维生素、微量元素含量假定为0。

（4）计算养分在预混料中用量，一般可用下式表示：

养分在预混料中用量 = 养分在饲粮中添加量 / 预混料在饲粮中添加比例

含存养分的原料在预混料中用量 = 养分在预混料中用量 / 该养分在原料中百分含量

加完各种必要的营养性添加剂原料，再加上某些必要的非营养性添加剂原料（注：非营养性添加剂原料用量 = 该原料在饲粮中添加量 / 预混料在饲粮中添加比例），余下的质量空间用载体和稀释剂补满。

预混料中各种原料成分的用量即为预混料的配方。

二、浓缩饲料的配方设计

生产浓缩饲料的优点在于有效利用地方饲料资源,且操作简便。浓缩饲料的配方设计分为两种情况。

(一)由全价配合饲料配方推算浓缩饲料配方

采用此法设计浓缩饲料配方的先决条件是拥有全价配合饲料配方。若有全价配合饲料配方,则可直接推算浓缩饲料配方;但若无全价饲料配方,则需要根据动物种类、生产性能、饲养标准、饲料原料种类等条件首先配制全价饲料配方,然后推算浓缩饲料配方。

例如,设计 0~4 周龄肉鸡的浓缩饲料配方时,其全价配合饲料配方见表 8-2。

表 8-2　0~4 周龄肉鸡全价配合饲料配方

原料	比例 /%
玉米	55.1
大豆饼	39.6
植物油	0.75
贝壳粉	0.7
脱氟磷酸钙	2.6
食盐	0.25
多维预混料	0.5
微量元素预混料	0.5

浓缩饲料的推算步骤如下。

(1)将所有能量饲料比例之和从全价配合饲料配方中扣除。本配方中只有玉米是能量饲料,其比例为 55.1%,故:100%-

55.1%=44.9%，也就是说其他饲料原料比例之和为44.9%。

（2）用其余饲料原料在全价配合饲料配方中的比例除以44.9%，折算成在100%的浓缩饲料中的比例，即为浓缩饲料配方，计算结果见表8-3。

表8-3 0～4周龄肉鸡浓缩饲料配方

原料	比例/%
大豆饼	88.2
植物油	1.67
贝壳粉	1.56
脱氟磷酸钙	5.79
食盐	0.56
多维预混料	1.11
微量元素预混料	1.11

（3）在其产品包装上标明使用比例，如每45 kg浓缩饲料应配合55 kg玉米混合均匀，供0～4周龄肉鸡使用。

（二）直接设计浓缩饲料配方

浓缩饲料配方的设计步骤：首先，确定全价配合饲料中能量饲料和浓缩饲料的比例及能量饲料的原料组成，一般情况下，能量饲料与浓缩料的比例为（30～40）：（60～70）。其次，从饲养标准中将所有能量饲料所含营养成分含量扣除，并除以浓缩饲料在全价配合饲料中的比例，即浓缩饲料配方应达到的营养水平。最后，采用全价配合饲料配方的设计方法，即可设计出浓缩料配方，并标明使用方法。

直接设计浓缩饲料配方时要求配方人员对浓缩饲料的比例、原料的选择及设计方法有所了解，这样才能充分利用饲料资源，降低饲料成本。

第九章

饲料的安全储存

第一节　饲料安全储存要点

一、储存地点选择

饲料储存仓库必须选择地势高燥、阴凉、通风良好且排水方便的地方，四周墙壁及地面用水泥抹好，以防漏、防鼠和防止地面返潮。储存仓库清扫干净后关闭门窗进行熏蒸消毒。存放时饲料不能和地面、墙壁直接接触，要用木板支架隔离开来。

二、控制原料和成品水分

原料和成品的水分高低直接关系饲料的储存效果，水分高，饲料易发热氧化、结块霉变。据试验可知，饲料含水量在14%以上最易发生霉变，而且随水分含量增加，饲料霉变速度也相应加快，因此，储存时应严格控制饲料含水量在安全范围内。

三、控制好温湿度，加强通风

低温、低湿和良好的通风条件有利于饲料的储存，能防止饲料氧化、发霉。一般来说，饲料储存室内相对湿度要低于60%，并保持良好的通风换气，尽可能降低储存室内温度，有条件的可安装温度表和湿度计，以便于及时检查。相反，高温、高湿则不利于饲料的储存，据试验，气温在10℃以下时霉菌生长繁殖缓慢，气温在30℃以上，且湿度适宜时霉菌会迅速繁殖，饲料内霉菌数量大增，从而造成饲料发霉变质。

四、饲料存放及安全储存期

饲料储存时间较长时，应定期检查，及时上下翻动和通风换气，发现饲料或原料发热及时摊开散热，受潮或发热的饲料应马上使用或分开储存，防止其余饲料结块、霉变。使用时，应遵循先陈后新的原则，不可新陈饲料混用。此外，由于夏天气温高且湿度大这一特殊原因，一次购料、配料不宜过多，饲料或原料也不要储存太久。

五、及时灭鼠杀虫

鼠和虫不仅消耗饲料，造成额外浪费，而且其活动还消耗氧气，产生二氧化碳、水，释放出热量，导致饲料局部温度升高、湿度加大，引起饲料结块发霉。老鼠还能在墙壁及屋顶处掏洞，并向外偷运饲料，更严重的是下雨时雨水会从鼠洞灌入储存室，导致较多饲料受潮发霉。所以，应利用灭鼠药、捕鼠器进行灭鼠。发现饲料生虫要立即把生虫饲料挑出，用安全高效的杀虫剂进行杀虫处理，其余饲料加入防虫药物，以防止虫害再次发生。

第二节　常见饲料的安全储存

一、能量饲料的安全储存

（一）玉米、小麦的储存

玉米、小麦主要是散装储存，一般储存方式为立筒仓。立筒仓是一个封闭的结构，并且具有先进后出的特点。所以，选用立筒仓储存的原料要严格控制入仓水分不要高于14%，立筒仓的使用周期不能太长，尤其是高温高湿的夏季。要做好立筒仓和内部散粮的质量监控，监控主要手段是借助立筒仓内部的温度和外部环境温度的差值。如果发现立筒仓内温度明显上升，则要启动相应的通风设备。

（二）玉米、小麦及其副产品的储存

玉米、小麦的副产品粉碎后不利于热量的散失。如果水分稍微偏高就容易形成发热、结块、发霉、变苦等变质现象。因此，此类原料一定要存放在阴凉干燥的环境中，码垛不宜过高，码垛方式要采用"井"字垛，有利于热量的散失。储存期间要加大检查力度，及时翻垛。

二、蛋白饲料的安全储存

（一）动物蛋白质类饲料的储存

饲料产品中动物蛋白质饲料（蚕蛹、肉骨粉、鱼粉、骨粉等）用量不大，要控制库存的数量。入库以后，要用塑料布封好，防止受潮发热。储存地点要干燥、通风。库存期间要加大抽检力度，对异常情况要及早发现、及早处理。

（二）饼粕类饲料的储存

饼粕类饲料（菜籽饼、花生饼、糠饼等）富含蛋白质、脂肪等营养成分，表层无自然保护层，因此易发霉变质，耐储性差。饼粕类饲料储存量大，一定要合理储存。码垛方式要采用透气性好的"井"字垛。地面要铺塑料纸，防止返潮。最好使用垫板码放，如果没有垫板，底层要用木板架高地面至少 20 cm。另外，码放的高度最好不超过 15 层。库存期间要加大抽检的力度，对异常情况要及早发现、及早处理。

三、油脂安全储存

为了使油脂安全储存，针对影响劣变的诸因素，采取相应的措施。

（1）根据不同品种、等级的油品专罐专储，采用专用输油管道。管路上的阀芯皆用不锈钢及合金材质。进油前须清理储油罐。

（2）储罐进油时，从油罐底部进料，避免了从顶部下料时，油如瀑布般落下，和空气接触面大。精炼成品油加微量柠檬酸饱和水溶液，可以增加油脂的氧化稳定性（柠檬酸可以螯合金属离子）。

（3）改善存储容器，如油罐顶部做成圆拱形，有利于排水，不会增加罐中油脂的湿气。储油罐外壁可经过多道处理工序，如表面涂有两层白漆，有效地反射了光和热（如此油罐的温度要比漆成黑色的低许多）。油罐内壁可经过钝化处理，如罐壁涂食品漆。

（4）储存过程中对油品各项指标跟踪检测，关注油品品质动态，分析、总结各种油品在不同条件下的变化规律，以延长油品的保存期。

四、维生素饲料安全储存

维生素是一类不稳定的物质。维生素从生产到使用一般都需要经历一段时间，在此期间易变性失活，因此保存维生素饲料是一项重要工作。

（一）影响维生素稳定性的因素

影响维生素稳定性的因素主要有温度、氧化（剂）、湿度、光线、储存时间、加工、矿物质、稀释剂及稀释比例等。温度高，加快维生素的变性反应，维生素的损失量增多。矿物质也加快维生素的损失。玉米粉、高粱粉作为维生素的载体，对维生素稳定性的影响较大；而用玉米芯粉、脱脂稻壳粉，能较好地保护维生素。对维生素饲料加工宜采用柔和的加工方法。一般来说，维生素饲料储存时间越长，损失的就越多；开始时损失速度慢，以后损失速度加快。

（二）保持维生素稳定的措施

（1）包被。如对维生素 A、维生素 E 等，可制成微型胶丸。

（2）改变分子结构。如维生素 C，可和磷酸盐聚合，生成 L-抗坏血酸-2-聚磷酸盐。其生物学有效性等同于维生素 C，但其稳定性强于维生素 C 几十倍。

（3）选用适宜的稀释剂。如玉米芯粉、脱脂稻壳粉就是良好的稀释剂。

（4）禁用不利于维生素稳定的物质。如矿物质对维生素有破坏作用，氯化胆碱也影响维生素的稳定性。生产上，不宜将这些物质和维生素混合在一起。

（5）选用合理的加工方法。如加工颗粒饲料时，宜采用干风，温度不要过高，时间尽可能短。

（6）创造适宜的维生素储存环境。要低温、干燥、避光储存维生素，并尽可能缩短维生素的储存时间。

五、配合饲料的安全储存

（一）配合饲料储存水分和湿度的控制

配合饲料储存中的水分一般要求在 12% 以下，如果将水分控制在 10% 以下，则任何微生物都不能生长。配合饲料的水分大于 12%，或空气中湿度大，配合饲料在储存期间必须保持干燥，包装要用双层袋，内用不透气的塑料袋，外用纺织袋包装。注意储存环境特别是仓库要经常保持通风、干燥。

（二）配合饲料储存温度的控制

温度低于 10℃时，霉菌生长缓慢，高于 30℃则生长迅速，使饲料质量迅速变坏；饲料中不饱和脂肪酸在温度高、湿度大的情况下，也容易氧化变质。因此，配合饲料应储于低温通风处。库房应具有防热性能，防止日光辐射热量透入，仓顶要加刷隔热层；墙壁涂成白色，以减少吸热。仓库周围可种树遮阴，以改善外部环境，调节室内小气候，确保储藏安全。

（三）配合饲料储存中虫害、鼠害的预防

储存中影响害虫繁殖的主要因素是温度、相对湿度和饲料含水量。一般储粮害虫的适宜生长温度为26～27℃，相对湿度为10%～50%。一般蛾类吃食饲料表层，甲虫类则全层为害。

配合饲料在储存中如发生虫害，害虫会吃掉大多数饲料成分，同时由于害虫为害时产生的粪便有恶臭味，会造成饲料品质大幅下降。而储存中影响害虫生栖的主要因素是温度、相对湿度和饲料的含水量。湿度低于17%时，其繁殖即受到制约。在适宜温度下，害虫大量繁殖，消耗饲料和氧气，产生二氧化碳和水，同时放出热量。在害虫集中区域温度可达45℃，所产生之水汽凝集于饲料表层，而使饲料结块、生霉，导致混合饲料严重变质。如果温度过高，还可能导致自燃。鼠类啮吃饲料，破坏仓房，传染病菌，污染饲料，是为害较大的一类动物。为避免虫害和鼠害，在储藏饲料前，应彻底清除仓库内壁、夹缝及死角，堵塞墙角漏洞，并进行密封熏蒸处理，以有效地防控虫害和鼠害，最大限度地减少其造成的损失。

六、不同品种配合饲料的安全储存

（一）全价颗粒饲料的储存

全价颗粒饲料因用蒸汽调制或加水挤压而成，大量的有害微生物和害虫被杀死，且间隙大，含水量低，糊化淀粉包住维生素，故储藏性能较好，只要防潮、通风、避光储藏，短期内不会

霉变，维生素破坏较少。但全价粉状饲料的缺点是表面积大，孔隙度小，导热性差，容易返潮，脂肪和维生素接触空气多，易被氧化和受到光的破坏，因此，要注意储存期不能太长。

（二）浓缩饲料的储存

浓缩饲料含蛋白质丰富，含有微量元素和维生素，其导热性差，易吸湿，微生物和害虫容易滋生繁殖，维生素也易被光、热、氧等因素破坏失效。浓缩料中应加入防霉剂和抗氧化剂，以增加耐储存性。一般储存3~4周，就要及时销售或在安全期内使用。

第三节 霉变原料脱霉处理

一、饲料及原料发霉原因判断

（一）仅封口处发霉

此种情况主要是由于空气湿度大，空气中水分转移到饲料封口处，使封口部位水分偏高，若温度高，则封口处饲料极易发霉。此类情况一般只见封口处有霉块，且饲料成批发霉。

（二）袋子边缘发霉

饲料包装袋边缘发霉主要是由于饲料和环境温差过大引起，袋内饲料水分转移到袋子边缘而使局部水分偏高，从而引起边缘发霉。此类发霉一般在堆垛底层和中间包装多见。

（三）袋内均匀发霉

此类发霉一般是饲料水分高或存放时间长引起，成批饲料发霉。

（四）袋内有小霉块

可能是饲料加工过程中设备上脱落的锅巴料发霉变质。此种情况一般是个别包装发生，不会成批发霉。

二、饲料的防霉技术

谷粒料、粉状料、颗粒料在储存期间，主要受霉菌侵害。饲料的防霉技术主要有以下几种。

（一）饲料冷藏

霉菌生长需要适宜的环境温度，例如，曲霉菌和青霉菌生长时所需的最适温度为20～33℃；镰刀菌在5～15℃时增殖活动旺盛，产生的毒素也多。正是这个原因，在南方，饲料易感染曲霉菌；而在北方，镰刀菌对饲料污染较严重。虽然少数霉菌在很低的温度下能生长，但大多数霉菌均是喜温的。因此，冷藏是有效保存饲料的一种方法。

1. 饲料冷藏的原理与方法

由于谷粒（如玉米籽实）和颗粒料导热性差，故一旦经冷藏处理，其内部的冷凉环境就能保持较长时间。堆垛可使谷粒或颗粒料冷藏效果更好。表9-1列举了谷粒或颗粒经一次冷处理（温度10℃）后能安全储藏的时间，可以看出，在相同的冷环境（10℃）下，饲料含水量越少，安全储藏的时间就越长。

表9-1　谷粒或颗粒料经一次冷处理（10℃）后能安全储藏的时间

项目	水分含量 /%				
	12.0～15.5	15.5～17.5	17.5～18.5	18.5～20.0	20.0～23.0
储存时间	8～12个月	6～10个月	4～6个月	1～4个月	2～8周

若不对储料塔或仓内饲料进行冷处理,则在夜间气温降到10℃以下时,靠近塔或仓壁的谷粒或颗粒料温度也下降,达到露点,于是塔或仓壁内出现冷凝水,因此,该处饲料潮湿,易霉变和受虫害,相反,若将储存料冷却到10~12℃,则可避免这种情况,因为塔或仓壁的内外两侧温差小,故不会出现冷凝水。

冷藏饲料的方法如下:冷却系统吸收外界空气,并将吸入的空气冷却和干燥,以形成干冷气体(相对湿度低于65%,温度在10~12℃)。而后,该气体由风扇扇入储料塔或仓的底部,于是气体就穿过谷粒或颗粒料堆而缓缓上升,在上升过程中,吸收料堆内热量和水分,最后变成较湿热的气体,通过塔或仓顶部的气孔逸散。

冷却系统内的湿度控制装置能很好地调节空气湿度,因此,冷藏饲料时无须考虑外界气候条件。由于冷却可使饲料中水含量进一步降低,故饲料在加工期间,其含水量一般可比正常情况下稍高1%~2%,而后将之冷藏,可减少干燥对饲料成分的破坏作用。

2. 冷藏饲料的能耗

冷藏饲料的能耗取决于多种因素,如待储料水分含量和环境温度。温带热带两地区冷藏饲料能耗有很大差异。科学家对储存料一次冷处理所需的能量做了以下粗略的估计:温带地区每吨谷粒或颗粒料须3.0~6.0 kW·h,热带地区每吨谷粒或颗粒料须8.0~12.0 kW·h。

(二)减少饲料中"有效水"

饲料中霉菌活动需要易利用的水,不妨将这种水称为"有效水"。饲料中"有效水"可通过饲料中相对水活性控制。相对水活性是指饲料中气态水压与液态水压之比,不同种类饲料,其中水相对活性不一样。不同种类的霉菌,适应饲料中水相对活性的能力也不同。

饲料中水相对活性的概念强调了将外来自由水加入谷粒的危险性，因为这种自由水对霉菌生长十分有效。饲料中"有效水"或自由水的另一来源是：饲料与环境温差造成饲料表面出现冷凝水，而该冷凝水可由局部扩散到饲料堆各处。因此，减少饲料中"有效水"的措施是尽可能使饲料干燥和减少饲料与外界环境界面的温差，从而杜绝冷凝水的出现。

（三）阻断"有效养分"的供给

霉菌在生长活动过程中需要营养源，这包括能源和氮源。籽粒料能以由粗纤维或聚酯组成的表皮保护着其内部的养分，从而能较有效地阻断霉菌营养源。只要这种表皮完整，则霉菌仅能很慢地生长。谷粒脱壳，很大程度上撤除了这种物理屏障；若加以磨碎，则完全破坏了这种屏障结构，这给霉菌提供了丰富的营养源。因此，待储籽实料不能破碎，并且，尽可能推迟饲料的粉碎时间，直至饲用前。

（四）饲料无氧储藏

霉菌是好氧性微生物，因此通过减少氧气供给，可控制霉菌活动。饲料一般青贮或半干青贮实际上是一种无氧储存饲料法。干草或秸秆饲料堆垛储藏时也应尽可能将其压实，外覆绝缘层，以防大量氧气逸入，从而达到控制霉菌活动、安全储存饲料的目的。对于籽实饲料，用无氧储存法常被认为是不实际的，但在粮食工业上，常用的充氮保粮法便是一种无氧储存法。

上述4种防霉法均是通过撤除霉菌生长所需要素而设计的，是物理性方法，对饲料无污染，因而这些方法越来越受重视。

（五）饲料的化学防霉技术

饲料的化学防霉就是在饲料中加一些化学制剂，以期达到防霉目的。常用的化学制剂有以下几类。

（1）有机酸。包括丙酸、乙酸、山梨酸、脱氢醋酸、苯甲酸和富马酸等。这类化学制剂防霉效果较好，但腐蚀性大。

（2）有机酸盐或酯。包括丙酸钙、丙酸铵、山梨酸钠、苯甲酸钠、富马酸二甲酯等。这类化学制剂防霉效果较有机酸差，但腐蚀性较小。

（3）复合防霉剂。复合防霉剂的共同特点是它们几乎都由一种或多种有机酸组成，保持或增强了原有机酸的抑菌作用。并且，因其中含有载体，故这类防霉剂的腐蚀性和刺激性均较小。

（六）饲料的综合防霉技术

采取单一的防霉措施，有时可能难以达到饲料的根本防霉目的，因此有必要采取综合措施，以保证饲料不染霉菌。在饲料作物生产时，须用没有病虫害的种子、轮作和加强病虫害防治工作；在饲料作物成熟后，要及时收获，并尽早脱水干燥；在饲料储藏时，要保证料仓低温、通风、干燥和无鼠、虫害等，必要时，可适当地用一些化学防霉剂；对于谷粒饲料，在收获和储藏时，要尽可能保证其完整性，在饲用前才将其粉碎或磨碎；要尽可能地缩短饲料的储藏期。

三、霉变饲料及其原料脱霉去毒方法

对于霉变的饲料，可以根据具体情况选择合适的去毒方法将损失降到最低。

（一）挑除法

将发霉的颗粒从物料中单独挑出。其实这种方法严格上讲是减毒的一种方法，并不能完全去除毒素及其霉菌。只能将部分霉变明显的颗粒除去，对于感染不明显的饲料将很难挑出。

该法完全依赖于人的感官评定，故主观性过强、去毒率不高、费时、费力且造成浪费。

（二）暴晒法

将霉变饲料置于阳光下晒制，经一段时间后，放通风处干燥保存。主要利用太阳光线的不同波长所具有的特性来达到去毒目的。可见光产生大量的热量从而使饲料中的水分蒸发出来，破坏霉菌依赖生存的水环境。另外，紫外线可以穿透霉菌细胞壁及霉菌孢子，而破坏蛋白质的合成体系，从而使霉菌及孢子失去繁殖和产毒能力。该法有较好的去除霉菌孢子及其毒素的效果。

强烈的太阳光线也会对饲料中的营养物质有破坏。另外，对霉菌产生的菌丝体无法除去。因此，经该法处理的饲料并没有消除霉变气味，影响适口性。

（三）水洗法

水洗法适合于籽实饲料的去毒处理，其特点是简单、去毒效果好。

第一种方法是将霉变颗粒和水按一定比例混合、搅拌、静置、浸泡一段时间后，用抹布擦拭颗粒，捞出在通风处晾干。这种处理可有效除去生长在颗粒表面的菌体和部分毒素，但对生长在颗粒内的霉菌及毒素却无法去除。

第二种方法是将籽实饲料磨成一定体积的颗粒，然后加 3～4 倍的水，搅拌、静置、浸泡 30 min 左右。这样反复 2～3 次，有毒成分或菌体代谢物因密度小于水而浮于水面，然后可将其滤去。这种处理可有效去除毒素。

此法费力费水，不适合大量霉变饲料的除毒。而且，经过处理后的饲料必须短时间内使其降到适合的水分，一旦晾晒不及时或水分没有控制好，容易被二次污染。

（四）稀释法

将已发霉饲料与没有发霉的饲料按一定比例混合后再加工。此法虽可解决暂时的问题，但经本法处理的饲料有效保质期短，不能较长时间地储存，必须在较短的时间内用完，否则将会造成更大的浪费。另外，饲料再加工的过程，同时也是对饲料营养物质再破坏的过程，必定使饲料中部分营养物质遭到一定程度的损失。

（五）浸泡法

本法适用于玉米等籽实类大颗粒霉变饲料的处理。

用石灰配成 0.8%～1.2% 的石灰水，将霉变饲料磨成 2～5 mm 的颗粒，按 2∶1 的比例混合，搅拌 15 min，静置 3 h，将水倒出，再用清水冲洗 1～2 次，晾干即可。

此法除毒率高，但费水费工，不适于大量霉变饲料的处理。

（六）浸提法

本法是用碳酸氢钠、盐水、氯化钙等浸提毒素的一种处理方法，对去除饲料中的黄曲霉毒素有较好效果。

（七）氨水法

一种氨水去毒法是，将氨水拌入霉变饲料中混匀，置于密闭容器内，在室内放置 3～7 d，即可达到去毒目的。这种处理方法操作简单、去毒率高，但氨水的用量大，同时处理后的氨气挥发可造成环境污染。另一种氨水去毒法是，将拌有氨水的饲料（加少量氨水）在高温下放置。这样氨水在高温下挥发产生具有黏性的氨气分子可以对毒素产生黏附作用，从而达到去毒效果。这种处理方法氨水的用量较少，而且去毒效果较好。

该方法适宜于糠麸类饲料。每千克饲料用氨水 12.5 g，在容器内搅拌均匀后，用塑料布密封，室温 20℃、经 7 d 去毒率达 87.5% 以上；室温 40℃、经 5 d 去毒率达 90% 以上。

（八）蒸煮法

该法属碱处理法。将霉变饲料与苏打或石灰共煮，目的是使霉变颗粒破裂，有利于碱性分子进入，以达到深部去毒的效果。

此法虽去毒效果好，但费工，也不适合大量霉变饲料的去毒。

（九）吸附法

吸附法是利用吸附剂与有毒物质结合，从而使霉菌失去毒性的一种方法，具有经济、方便、处理量大、效果好等优点。常用的吸附剂有膨润土、沸石、硅藻土等，也可用苜蓿草粉、活性炭、玉米次粉等作吸附剂。

（十）加热法

对于饼粕类原料，在 150℃温度下焙烤 30 min，或用微波炉加热 8～9 min，可使其中的黄曲霉毒素破坏 48%～61%。

（十一）脱胚法

玉米霉变后，其毒素主要集中在胚部。先将玉米磨成直径 1.5～4.5 mm 的小颗粒，再加 5～6 倍水，然后进行搅拌，胚部碎片因轻而浮在水面上，将其捞出或随水倒掉，如此反复数次，即可达到去毒的目的。

（十二）石灰水

石灰水浸泡法适宜于玉米、高粱等籽实类饲料。方法是先将玉米等大粒发霉饲料粉碎成直径 1.5～5 mm 的小粒（高粱等籽粒较小，可不粉碎），再将经过 120 目筛后的石灰粉按 0.8%～1% 的比例掺入发霉饲料中，然后将掺入石灰粉的料和水按 1∶2 的比例倒入容器中搅拌 1 min，静置 5～8 h，将水倒出，用清水连续冲洗 2～3 次，晒干后便可使用。有资料表明，在霉变的饲料中添加 5% 的生石灰，可去除 90%～99% 的毒素。

（十三）碱煮法

该法适用于处理籽实类饲料。方法是按 100 kg 发霉饲料加 3 倍水、500 g 苏打粉（或 1 kg 石灰）的比例混匀、共煮，至饲料裂开时止，待其冷却后再用清水冲洗，除去碱味即可使用。

主要参考文献

陈西风，2014. 畜禽营养与饲料加工 [M]. 银川：宁夏人民出版社.

李德立，李成贤，2017. 动物营养与饲料配方设计 [M]. 北京：中国轻工业出版社.

李茂，2018. 动物营养与饲料应用技术研究 [M]. 北京：中国农业科学技术出版社.

汤小朋，陈磊，2020. 棉籽粕脱毒技术及其在家禽生产中的应用研究进展 [J]. 云南农业大学学报（自然科学），35(1): 180-186.

王恬，王成章，2018. 饲料学 [M]. 第 3 版. 北京：中国农业出版社.

杨莎，甘蓉军，张凯，2024. 动物营养与饲料 [M]. 重庆：重庆大学出版社.

周明，2016. 饲料学导论 [M]. 北京：化学工业出版社.